Fresh-Cut Fruit Processing Technology and Quality Evaluation

鲜切水果加工技术与质量评价

王宝刚　主编

中国轻工业出版社

图书在版编目（CIP）数据

鲜切水果加工技术与质量评价 / 王宝刚主编. — 北京：中国轻工业出版社，2021.6

ISBN 978-7-5184-3458-9

Ⅰ. ①鲜… Ⅱ. ①王… Ⅲ. ①水果加工 Ⅳ. ① TS255.3

中国版本图书馆 CIP 数据核字（2021）第 060894 号

责任编辑：贾　磊　　责任终审：劳国强　　封面设计：锋尚设计

版式设计：锋尚设计　　责任校对：吴大朋　　责任监印：张　可

出版发行：中国轻工业出版社（北京东长安街6号，邮编：100740）

印　　刷：艺堂印刷（天津）有限公司

经　　销：各地新华书店

版　　次：2021年6月第1版第1次印刷

开　　本：720×1000　1/16　印张：10.5

字　　数：220千字

书　　号：ISBN 978-7-5184-3458-9　定价：68.00元

邮购电话：010-65241695

发行电话：010-85119835　传真：85113293

网　　址：http://www.chlip.com.cn

Email：club@chlip.com.cn

如发现图书残缺请与我社邮购联系调换

201098K1X101ZBW

本书编写人员

主　　编

王宝刚（北京市林业果树科学研究院）

参　　编（按姓氏笔画排序）

王云香（北京市林业果树科学研究院）

孔凡春（华商国际工程有限公司）

李文生（北京市林业果树科学研究院）

周家华（北京市林业果树科学研究院）

常　虹（北京市林业果树科学研究院）

序

鲜切水果又称轻加工水果，是新鲜水果经处理后，供消费者或餐饮业即食和使用的一种水果产品形式。鲜切水果起源于美国，始于20世纪50年代，目前，在欧美等一些发达国家发展很快。虽然我国的水果栽培面积和产量均居世界首位，但我国的鲜切水果行业整体发展相对薄弱，20世纪90年代后期才开始发展。目前我国鲜切水果产品的主要产品种类有西瓜、甜瓜、菠萝、榴莲等，随着人们生活节奏的加快，消费市场无论是对鲜切水果的产品种类，还是对产量的需求都会有快速增长，尤其是北京、上海、广州、深圳等特大城市及大中城市的需求量更大，鲜切水果产业在我国将有很好的发展前景。

由于在加工处理过程中鲜切水果的机械处理使水果的组织受到了损伤，因此鲜切水果产品存在明显的缺点。首先，由于水果的天然保护层受到了破坏，失水速率明显加快，鲜切产品易受到微生物侵害而引起腐败，货架期比完整水果短得多；其次，加工过程中的机械压力使果实细胞破裂、细胞间分离，酶和底物发生移位混合，产生酶促褐变。此外，果品在加工处理时组织受到伤害，呼吸速率和乙烯释放量迅速增加，导致鲜切产品快速软化。

由于起步较晚，我国鲜切水果加工设备和技术相对落后，加工场所、设备设施、工艺技术等还不规范，行业缺乏标准化的规范指导，产品质量得不到良好控制，这些都制约着我国鲜切水果产业的发展。

为了更好地指导我国鲜切水果产业的发展，北京市林业果树科学研究院采后研究室王宝刚研究团队，根据目前国内鲜切产业发展中存在的问题，借鉴发达国家的经验，结合作者的研究成果，编写了适合我国国情的《鲜切水果加工技术与质量评价》一书。

本书描述了鲜切水果重点工艺流程及流通过程中出现的质量问题，提出了相应的解决方法。对鲜切水果生产企业工厂（车间）设计进行了说明，为鲜切企业的生产提供了参考依据，确立了鲜切水果的质量评价方法，对目前我国市场常见的鲜切水果产品的质量等级进行了分类。本书图文并茂，实用性较强。本书的出版对我国鲜切水果产业与国际鲜切水果行业接轨，以及指导我国鲜切水果产业规范化发展具有重要意义。可作为鲜切加工企业管理人员、技术人员的参考资料，也可作为相关专业院校学生教材。

前言

鲜切水果（fresh-cut fruits）又称轻加工水果、最少加工水果、切分水果，是指新鲜水果经预冷、分选、清洗、消毒、沥水、预处理、切分、护色/不护色、包装等处理后，供消费者或餐饮业即食或即制的水果加工产品。鲜切水果加工是集水果原料品质控制、保鲜、加工、包装、质量安全控制及等级评价等技术为一体的交叉性系统工程。

鲜切果蔬起源于20世纪50年代的美国，欧洲兴起于20世纪80年代，我国鲜切水果的市场化起步较晚。直到20世纪90年代，随着改革开放进程加速，麦当劳、肯德基、吉野家等快餐企业相继出现并快速发展，对即食或即制果蔬的需求量不断增加，逐步刺激了我国鲜切果蔬加工产业的发展。进入21世纪后，随着我国现代消费结构的转型升级，人们生活水平的提高和生活节奏的加快，对食品营养丰富性、方便性的追求不断加强，鲜切水果在快餐业中快速发展，成为水果消费市场的新时尚。

经过近30年的发展，我国鲜切蔬菜的加工技术基本成熟，但鲜切水果加工产业受限于原料自身特性、加工设备、加工技术、保鲜技术、从业人员专业技术、消费习惯等方面的限制，仍然发展较慢。本书基于以往20多年本领域及本研究团队的广泛研究，并结合目前我国鲜切水果加工的生产实践，主要在鲜切水果加工过程中紧密相关的原料选择、加工关键技术、加工车间设计、鲜切水果包装后的质量问题分析以及质量评价方法的构建等方面进行了详细介绍。本书可供相关科研院所、果蔬加工企业、加工设备制造企业、食品工厂设计、市场管理人员等参考。

本书在编写过程中得到了我国鲜切果蔬加工研究领域知名专家李武研究员的大力支持。李武研究员欣然为本书作序，特此致谢。

鲜切水果属于新型市场业态，需要科研院所、加工企业以及市场运营管理等多方面的协力合作，期待各方共同努力，促进我国鲜切水果产业逐步走向规范化、市场化。

由于编者水平有限，书中疏漏之处在所难免，敬请广大专家批评指正。

编者

2021年3月

目录

第一章　鲜切水果发展现状及趋势

第二章　鲜切水果加工技术

第三章　鲜切水果加工车间的设计

第四章　鲜切水果贮存中的质量问题

第五章　鲜切水果质量评价方法

第六章　鲜切水果质量等级评价

附 录

第一章

鲜切水果发展现状及趋势

一、鲜切水果的概念

鲜切水果（fresh-cut fruits）又称轻加工水果、最少加工水果、切分水果，是指新鲜水果经预冷、分选、清洗、消毒、沥水、预处理、切分、护色/不护色、包装等处理后，供消费者或餐饮业即食或即制的水果加工产品。鲜切果蔬起源于20世纪50年代的美国，兴起于20世纪80年代的欧洲，最初主要是鲜切生菜，约占了50%的市场份额（鲜切水果约10%），主要为了满足消费者的即食需求。如今鲜切水果在美国、澳大利亚、加拿大、荷兰等国的超市已经是很普通的商品，而我国仅在少数超市和快餐店能看到（图1-1）。在美国，单品鲜切产品最大量是苹果（22.5%），其次是菠萝（16.7%）、西瓜（13.4%）、厚皮甜瓜、杧果等，而混装产品的市场占有量达到28.8%。根据调研，目前我国鲜切水果主要以不褐变种类为主，如厚皮甜瓜、西瓜、菠萝、柑橘类等，这主要源于鲜切加工技术研发投入和成本投入因素，企业缺乏关键的加工技术。加工技术的缺乏严重限制了我国鲜切水果产业的发展，一方面企业急需可直接应用的加工技术，另一方面科研单位储备了大量技术成果却未转化。企业若单纯依赖自我研发必将增大经济和时

（1）美国

（2）澳大利亚

（3）加拿大

（4）中国

图 1-1　部分国家的超市鲜切水果陈列货架

间投入，"产学研"的有效结合，引进或转化技术必然是更好的选择。随着我国科研力度的持续加大以及市场需求的不断增加，我国的鲜切水果产业将逐步走向技术化、标准化和产业化。

二、鲜切水果发展现状

（一）市场发展现状

我国鲜切果蔬的市场化起步较晚。直到20世纪90年代，随着一些快餐企业的加速发展（麦当劳、肯德基、吉野家等），我国鲜切果蔬加工产业才开始逐步发展。进入21世纪以来，随着我国现代消费结构的转型升级，人们生活水平提高、生活节奏加快，对食品营养丰富性、方便性的追求不断加强，鲜切果蔬在快餐业快速发展，成为果蔬消费市场的重要补充。2010年以后相继出现了很多生产和销售鲜切水果的品牌，如果酷、鲜果记、易起来、果维美、全时、爱蒂宝等；传统的从事鲜切蔬菜加工的企业也开始涉足鲜切水果加工，如裕农、天安等。在供应端，大型企业（首农集团、顺鑫农业等）和中央厨房等企业也参与其中；在需求端，快餐连锁、特殊行业的需求增加，将极大促进鲜切水果加工和配送产业发展。

鲜切水果属于新型的市场业态，不同于传统的食品加工，技术性要求较高，同时对企业管理的各个环节要求更加严格，需要建立一系列严格的企业标准。目前我国的鲜切加工企业运营初期面临的最大问题就是消费客户群体的定位和维护。在消费客户群体及销售形式方面，鲜切水果销售主要通过B2B（指企业与企业）和B2C（指企业与消费者）两种形式。B端市场主要包括高档写字楼、商超、航空、军队、高铁等，是目前主要的销售领域。北京、上海、广州等主流城市在商场、超市、高档写字楼、航空食品等领域已经开始销售经包装的鲜切水果。C端市场主要是白领人群、旅游区、商业区等，为次要的销售形式，消费群体的年龄结构主要为15～40岁。随着互联网技术的快速发展，鲜切水果不仅在餐饮业占据重要的地位，更成为零售业中的佼佼者，特别是在北京、上海等一线城市中。其中，北京地区线上的鲜切水果交易相当发达，已经形成了一定的产业规模。在美国市场，鲜切水果的市场份额大约为10亿美元，目前中国市场仍处于孵育期，未来中国市场份额必将前景广阔。

（二）技术研究现状

我国在鲜切果蔬加工技术的研究主要开始于21世纪初，尤其以鲜切蔬菜的研究为主，最初主要集中在加工工艺的建立及质量控制研究方面。近10年来，鲜切水果的研究主要集中在品质劣变的控制和安全快检技术方面。在品质劣变控制方面主要集中于鲜切水果果肉褐变和软化控制技术研究，通过采用不同组合的护色剂、组织硬化剂进行控制，而开发绿色、天然、更加安全的方法将是未来研究的重点。对于鲜切水果鲜度的保持研究主要集中在气调包装（MAP）和涂膜技术。传统的气调包装主要是利用阻隔性能不同的膜材实现包装环境气体和水分的调节，这些膜材的缺点是可降解性能差，会造成一定的白色污染。涂膜主要是采用一些具有防腐、可食的、成膜性好的材料（如壳聚糖、淀粉等）在鲜切水果表面形成一层保护膜，从而阻隔果肉与环境的直接接触，同时还能抑制病原菌生长，延长保鲜期。涂膜技术会有效地保持鲜切水果品质，但限制其发展的问题是消费者对涂膜材料的食用安全性的担忧以及消费习惯的影响。此外，消费者更关注如何判断鲜切水果货架期间的新鲜度问题，有关这方面的研究基本空白。今后鲜切水果品质保持技术研究或许可考虑将气调包装、涂膜、活性功能及智能表征等技术进行结合，弥补单一技术的应用缺陷。

鲜切水果的即食特性决定其安全性是应首要考虑的因素。鲜切果蔬产品主要涉及四种食源性致病菌：大肠埃希菌O157∶H7、鼠伤寒沙门菌、金黄色葡萄球菌及单核细胞性李斯特菌。根据GB 29921—2013《食品安全国家标准　食品中致病菌限量》规定，沙门菌和大肠埃希菌不得检出。鲜切水果由于其市场周转期短，从加工到消费结束通常不会超过5d。而按照国家标准中食品安全性的检测方法很难满足现有产业的需求，因此开发微生物快检技术成为鲜切水果产业急需突破的技术。多重聚合酶链式反应（polymerase chain reaction，PCR）技术作为一种能够快速、准确检测多种病原微生物的技术，已引起越来越多的重视。据研究报道，多重PCR技术对鲜切果蔬中侵染的病原菌检出限可达到1CFU/g，检测时间可缩短至12h以内。

（三）企业技术需求

由于我国鲜切果蔬产业发展较晚，受到市场需求和消费习惯的影响，直到目前仍没有大规模的专注鲜切加工的企业，大多鲜切产品仍是食品加工的附属产品。近些年来也出现了很多从事鲜切水果加工的企业，但大多好景不长。其中不乏炒概念，搞融资，而不是专注研究如何生产、经营、拓展市场。鲜切产品相比于其他加工食品，具有加工损耗大、品质劣变迅速、质量控制难、保鲜难度高等问题，需要大量的技术支撑整个产业链条。从目前企业的实际情况看，还存在车间设计不够规范、加工工艺不够完善、自动化设备程度不够高、质量标准体系不够完善等问题，此外从业人员的专业化水平也亟待提高。

从事鲜切水果加工应考虑多方面的因素。从客观因素看，市场的需求度是首要考虑的问题。从业者首先应进行全面的市场调研，综合B端和C端市场，挖掘潜力较大的、可持续的目标市场，分析各市场的消费容量，为企业的市场定位做好铺垫。从主观因素方面看，企业应提高技术意识，高度重视技术性投入，没有核心技术的支撑，将缺乏市场竞争力。从加工工艺的确定、车间的设计、生产线的布局、企业标准的建立、质量体系的构建、技术研发的投入、生产管理和市场跟踪等方面都需要专业技术的支撑。加工工艺是加工企业的核心技术，在建厂前就应完成基本加工工艺的确定，这对于车间的设计和生产线布局至关重要，而实际中很多企业往往忽略即食鲜切产品质量安全程度要求较高，其加工车间的设计（洁净度、物料周转、温度控制、给排水及车间管理等）要严于普通食品加工企业，这一点没有得到足够的重视。设备的选型和生产线布局是加工企业投入较大的部分，应充分考虑产能和维护成本，不是选择最好的，而是要选择最适合自身需求的。企业标准是企业生产经营的生命线，是质量体系构建的重要组成，是产品质量保障的主要依据。此外，企业一定要注重技术研发的投入，新技术和新产品的更新是保持企业市场竞争力的保障，作为企业主体的人员是企业运营正常的关键。企业应加强企业管理和技术人员的思想意识和专业技术培训，从而提升企业整体专业化水平，提高市场核心竞争力。

三、鲜切水果发展趋势

（一）鲜切水果加工及保鲜技术

鲜切水果加工工艺的不断改进和优化将是持续研究的方向之一。目前，首先应加强新型绿色、天然、无残留杀菌剂、护色剂的研发，代替传统的氯制剂杀菌和人工合成添加剂的使用。在品质劣变方面，针对褐变发生机制和调控技术已开展了大量研究，然而果肉半透明和流汁问题却鲜有研究。质量安全是消费者普遍关注的问题，还应持续加强对鲜切产品质量评价体系构建和快检技术精准度研究。此外，由于我国鲜切水果产业化加工仍处于低端水平，连续化生产程度低，因此需要加强一些在线加工过程自动化及监控技术的研发，如在线水质控制、在线杀菌监测、在线保鲜处理等技术。保鲜技术方面应加强鲜切水果应激生理方面基础理论研究，新型可降解、可食性活性包装膜的开发，脉冲光处理、静电场、辐射处理等物理保鲜技术的研究，还应加快气调包装（MAP）技术的研究和应用。对于消费者而言，货架品质才是其关心和购买意愿的关注重点，因此未来在鲜切产品货架期品质保鲜及产品新鲜度的实时表征技术方面要加大研究力度。

（二）鲜切水果加工设备

鲜切加工设备的革新直接决定了鲜切加工产业自动化的发展程度。目前我国鲜切水果加工设备相对落后，大部分设备主要是集中在清洗、包装这两个环节，而在预处理、修整、切分环节的设备很少，并且效果不佳。对于清洗设备，除清洗功能外还应注意上下输送环节的衔接、毛刷的软硬程度、清洗水温的自动控制、清洗水压的调节、水质监测和自动补液等功能，确保水果全方位清洗干净且不造成机械损伤。预处理设备将直接决定加工效率，尤其是去皮、去核/籽加工设备严重不足。目前的预处理设备仍然存在损耗过大、损伤严重等问题，后续的研发应着重解决这些问题。最关键的切分设备极其匮乏，用于蔬菜的切分设备完全不适合水果切分。切分设备开发过程中应注意的最大问题就是如何避免机械损伤，可从刀具材料、机械手及电子控制精度等方面考虑。对于沥水设备，目前多采用单向风干形式，缺点是底部水残留较多，未来可考虑双向或多向进风方式，亦可结合振动输送方式。对于包装设备，尤其是气调设备，主要解决配气精度问题，目前国产设备的配气精准度还无法与进口设备相比，未来还应加强研发力度。

不同种类水果形态差异较大，给鲜切水果加工设备标准化开发带来了很多阻碍，而开发适合于不同种类水果的设备必然需要巨大的经济投入，这也限制了设备的开发进程。针对单一水果的多功能集成设备的开发也必然是发展的重点。此外，生产线在线监控监测平台的研发也必将对加工全程实现自动化监控，为更好地优化生产工艺提供一站式解决方案。

（三）鲜切水果加工相关规范制定

法律、法规以及标准规范文件体系的建立是保障鲜切果蔬生产和消费安全的基础。美国、加拿大、欧盟、澳大利亚等国家早已针对鲜切果蔬的安全性制定了相关法规文件。目前我国只有北京和上海明确颁布了即食鲜切蔬果生产方面的许可审查细则（北京2014版，上海2017版）。在标准制修订方面，我国分别在2007年和2011年颁布了NY/T 1529—2007《鲜切蔬菜加工技术规范》和NY/T 1987—2011《鲜切蔬菜》标准。最近刚发布的GB 31652—2021《食品安全国家标准　即食鲜切果蔬加工卫生规范》将更有利于鲜切市场的发展。北京市曾针对2008年北京奥运会颁布了DB11Z 522—2008《奥运会食品安全　即食即用果蔬企业生产卫生规范》，保障了奥运食品安全。商务部也针对净菜的加工和流通颁布了SB/T 10583—2011《净菜加工和配送技术要求》。进入新时代，随着鲜切果蔬产业的不断发展，为保障其加工可靠性和食用安全性，仍有必要针对各地不同情况制定相关法律法规、技术或产品标准，进一步完善法律法规监管体系。

第二章

鲜切水果加工技术

鲜切水果加工过程主要涉及原料要求、加工工艺流程的确立、车间设计和设备选型配套、关键核心加工技术的建立、质量评价技术的建立以及整个加工全程管理等环节。

一、水果原料

（一）原料质量要求

用于鲜切加工水果原料的选择非常关键，除安全性的要求外，水果的品种、成熟度、等级规格以及加工特性将是需要重点考虑的因素。每种水果质量等级规格见表2-1，一般要求不低于二级标准。加工企业可根据生产情况，制定专用原料采购质量标准。除了原料的等级规格需要考虑以外，加工技术人员还需要掌握原料水果的成熟特性。

果实成熟度一般可分为可采成熟度、食用成熟度及生理成熟度。对于后熟作用明显的水果原料（如苹果、梨、猕猴桃、杏、杧果、香蕉、木瓜、牛油果、番荔枝等），控制果实成熟度非常关键，要选择适宜鲜切的成熟度。原料过熟将影响加工过程，增大加工损耗，缩短产品货架期，而成熟度不足将影响食用口感。如图2-1所示，成熟度较低（硬度1.5kg/cm^2）鲜切猕猴桃货架期可达到7d，而成熟度较高（硬度1.1kg/cm^2）鲜切猕猴桃货架期仅有3d。判断果实成熟度可通过检测外观或果肉颜色（底色），果肉软硬度及内含物含量（如可溶性固形物、淀粉、干物质等）等指标进行判别。颜色和硬度适宜作为大部分鲜切水果加工的成熟度指标。如图2-2所示，用于鲜切的杧果应选择适宜成熟度者，此时果肉颜色开始发黄，果肉硬度约为1.2kg/cm^2，硬度若低于1.0kg/cm^2，将缩短货架期。加工企业可根据当地具体情况，制定各自的原料加工技术标准，确定适宜的原料成熟度。

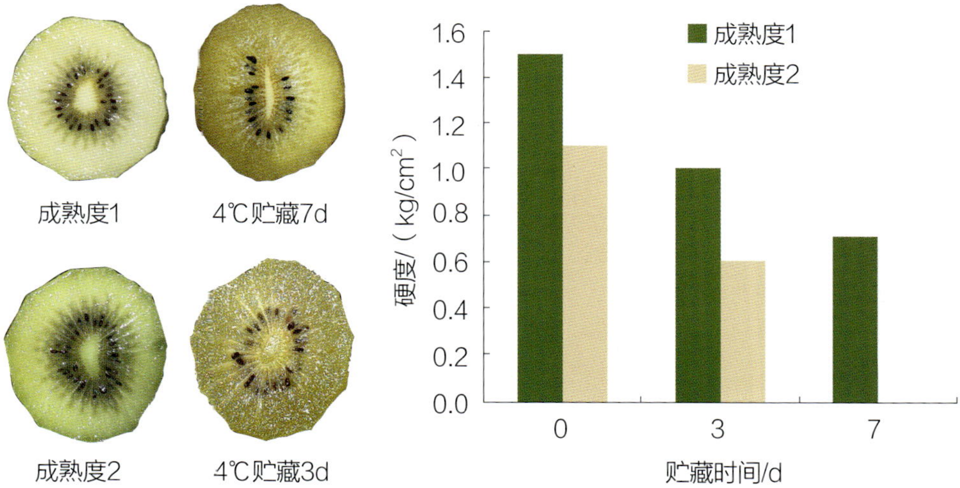

（1）　（2）

图 2-1　猕猴桃果实成熟度与货架期表现

（1）成熟度较低　（2）适宜成熟度　（3）成熟度较高

图 2-2　不同成熟度鲜切杧果果面颜色

原料新鲜度的选择，一般是原料越新鲜，产品品质越高；原料采收后放置时间越长，机械伤越多，其新鲜度越低，产品品质就越差。这是因为原料遭受机械损伤或放置时间长时，它所含的营养物质或用于愈伤，或发生不良转化，使品质劣变。其次，加工原料久置或遭受机械损伤时，易遭微生物的侵染，使原料带菌量增加。再次，久置原料易失水，降低膨压，造成萎蔫等。这些因素都会影响鲜切产品的品质。因此，从原料采收到鲜切加工的过程，应尽量避免原料受机械伤，缩短贮藏时间。

果品原料也需要进行分级，即根据果实的大小、色泽、成熟度、形状等情况，按规定标准分出等级，以便按加工要求分别处理。分级的目的是使果品原料大小整齐，色、形、味一致，同时便于按同一工艺和条件进行操作，提高生产效率，减少原料损耗。目前，对果品的色泽、成熟度、形态、硬度等指标的分级，仍然靠传统的目测方法，由有经验的、熟练的工人进行分选操作。对果品的大小、重量分级，有人工的和机械的分级两种。鲜切水果原料质量等级标准如表2-1所示。

表 2-1 鲜切水果原料质量等级标准

种类	参考质量等级标准
苹果	GB/T 10651—2008《鲜苹果》；NY/T 1793—2009《苹果等级规格》
梨	GB/T 10650—2008《鲜梨》
桃	NY/T 1792—2009《桃等级规格》
李	NY/T 839—2004《鲜李》
杏	NY/T 696—2003《鲜杏》
枣	GB/T 22345—2008《鲜枣质量等级》
樱桃	GB/T 26906—2011《樱桃质量等级》; NY/T 2302—2013《农产品等级规格　樱桃》
杨梅	LY/T 1747—2018《杨梅质量等级》
草莓	NY/T 1789—2009《草莓等级规格》
蓝莓	GB/T 27658—2011《蓝莓》
树莓	GB/T 27657—2011《树莓》
猕猴桃	NY/T 1794—2009《猕猴桃等级规格》
葡萄	GB/T 19970—2005《无核白葡萄》
石榴	LY/T 2135—2018《石榴质量等级》

续表

种类	参考质量等级标准
西瓜	GB/T 27659—2011《无籽西瓜分等分级》；GB/T 22446—2008《地理标志产品　大兴西瓜》
甜瓜	GB/T 23398—2009《地理标志产品　哈密瓜》
小番茄	NY/T 940—2006《番茄等级规格》
柑橘类	GB/T 12947—2008《鲜柑橘》；GB/T 21488—2008《脐橙》；NY/T 1190—2006《柑橘等级规格》
菠萝	NY/T 450—2001《菠萝》
杧果	NY/T 3011—2016《杧果等级规格》
香蕉	GB/T 9827—1988《香蕉》；NY/T 517—2002《青香蕉》
杨桃	NY/T 488—2002《杨桃》
荔枝	NY/T 515—2002《荔枝》
番荔枝	NY/T 950—2006《番荔枝》
龙眼	NY/T 2260—2012《龙眼等级规格》
木瓜	NY/T 691—2018《番木瓜》
榴莲	NY/T 1437—2007《榴莲》
甘蔗	NY/T 3271—2018《甘蔗等级规格》

（二）原料储存条件

用于鲜切加工的水果原料一般需提前采购，因此有必要进行短期周转性贮藏，由于不同种类水果生理特性不同，贮藏温度条件也不同。不适宜的贮藏温度将造成果实产生冷害症状，严重者导致品质发生劣变，影响后续加工产品质量。根据生产实际的需求，贮藏温度大致可分为4种温度区间（表2-2）。若长期贮藏，高温度区间水果应尽量避免贮存于低温区间，有条件的企业在加工车间设计前可考虑建设原料分区冷库。

除了温度以外，还需考虑各原料的成熟特性及对乙烯的敏感性问题。高乙烯释放量的水果不能和对乙烯敏感的水果混存，避免后者加速成熟，影响成熟度。如苹果属于乙烯释放量高的水果，而杧果属于乙烯敏感的水果，这两种水果如果混存必然造成杧果成熟、迅速软化，从而影响后续的鲜切加工。

表 2-2　水果适宜贮藏温度区间

温度区间/℃	水果品种
0 ~ 4	苹果、梨、荔枝、山楂、桃、李、杏、甜樱桃、枣、葡萄、猕猴桃、草莓、柿子、杨梅、枇杷、无花果、哈密瓜、龙眼
4 ~ 7	柑橘类、火龙果、石榴、橄榄、椰子、榴莲
7 ~ 10	西瓜、菠萝、柚类、甜瓜、杨桃、番石榴、鳄梨、莱姆
10 ~ 15	香蕉、杧果、山竹、西柚、柠檬、番木瓜、番荔枝、菠萝蜜、红毛丹、西番莲

二、鲜切加工工艺流程

鲜切水果加工的一般工艺流程如图2-3所示，加工企业可根据产品特性及自身实际情况予以调整。加工工艺流程的确定非常关键，将直接影响配套设备生产线的分布，只有确定了加工工艺才能进行车间生产线的布局，生产中往往忽略此点。

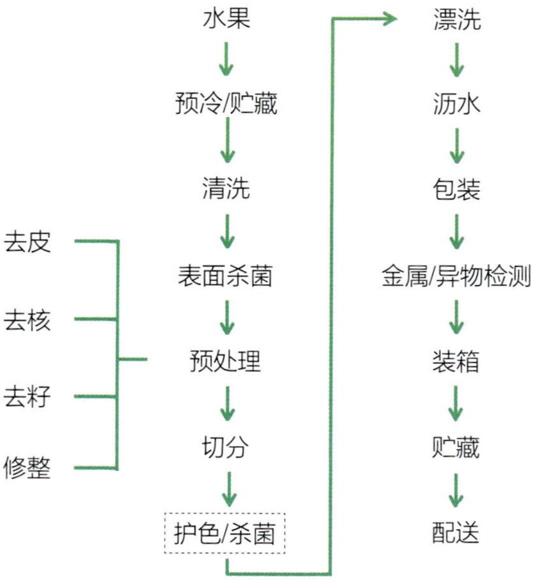

图 2-3　鲜切水果加工工艺流程（以苹果为例）

三、鲜切加工工艺说明

（一）预冷（pre-cooling）

预冷是去除水果原料田间热的有效手段，对后续的鲜切加工非常有利。用于鲜切加工的水果原料应先置于预冷库或暂存库中进行预冷，库温一般可设为0～5℃，通常需要预冷24h以上。普通冷库预冷，由于其投入少，操作简单，目前仍是我国果蔬预冷的主要方式，但应注意操作过程中码垛方式和码垛密度，合理地利用冷源，提高预冷效果。

采用强制通风预冷，可提高预冷效率。当制冷量足够并且空气以1～2m/s的流速在库内和容器间循环时，大部分水果会在6h以内，将温度降至5℃以下。强制通风预冷需要建造专业的预冷设施。详细操作规范可参考NY/T 3104—2017《仁果类水果（苹果和梨）采后预冷技术规范》或NY/T 3026—2016《鲜食浆果类水果采后预冷保鲜技术规程》。

采用冷水喷淋预冷，将极大地缩短预冷时间，大部分水果将在1h以内完成预冷过程。如小果型樱桃采用小型移动式喷淋装置可在30min降至5℃（图2-4）；中果型梨需要60min降至5℃（图2-4）；大果型西瓜需要4h可降至15℃（图2-4）。冷水喷淋系统需要建造专业的喷淋设备，也可以采用通过式冷水浸泡预冷方式（图2-5），可将冷水预冷系统集成到清洗生产线中，清洗同时实现果品的预冷。

（1）樱桃　　（2）梨　　（3）西瓜

图 2-4　冷水预冷场景

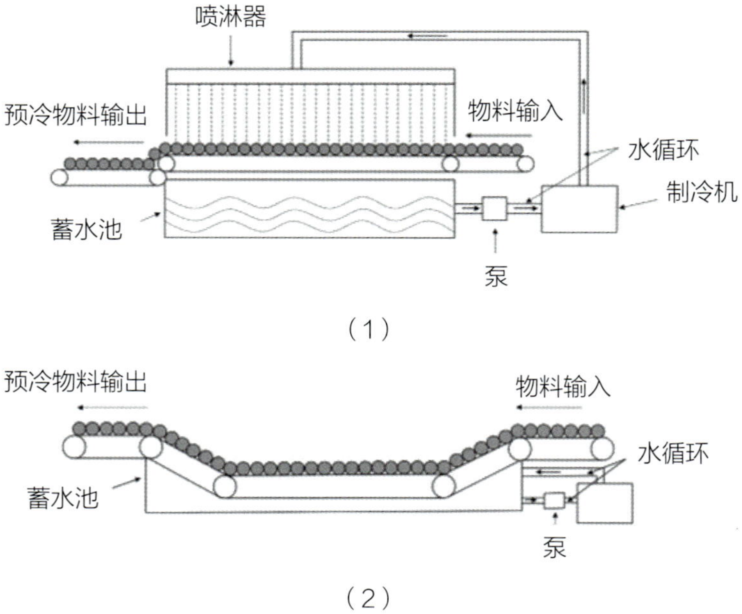

图 2-5　通过式冷水浸泡预冷

（二）清洗（washing）

原料进入鲜切加工的第一步就是清洗，清洗果品是为了清除水果上的灰尘、虫屎、霉菌孢子、残留的农药以及影响水果色、香、味的污垢和其他杂质，目前主要采用水清洗，清洗用水要求参照GB 5749—2006《生活饮用水卫生标准》。水清洗主要包括冲和刷两项内容，冲和刷同时进行，可以节约用水量。决定冲洗效果的因素是多方面的，其中主要包括冲洗水总量、持续时间、工作温度、水质、清洗剂的种类和质量、水压等，所有这些指标数据都随果品种类而异。为避免果实温度升高，水温宜控制在5～10℃。对于不同类型水果清洗方式不同，一般大果型水果（西瓜、哈密瓜）采用滚杠喷淋清洗方式、中果型（苹果、梨、柑橘等）采用毛刷结合喷淋清洗方式、小果软肉型（草莓、枣、樱桃番茄等）采用气泡清洗方式（图2-6）。为了取得最好的清洗效果和降低费用，生产中也可采用多种清洗相结合方式。清洗可选用手工和机械两种，应根据生产需要、果品表面状态和污染程度、果实的耐磨耐压性质来确定清洗方法。

（1）大型果　（2）中型果　（3）小型果

图 2-6　不同类型水果的清洗

（三）表面杀菌（surface disinfection）

水果原料表面杀菌对于控制产品质量安全非常重要。一般杀菌结合清洗工艺同时进行，实际生产中可采用二次杀菌方式，杀菌完成后必须进行漂洗。常用的水果表面杀菌剂有氯气、次氯酸钠、二氧化氯、臭氧等，具体使用浓度需根据不同产品而定（参见第四章表4-1），生产中需购买食品级杀菌剂。目前生产中主要存在的问题是杀菌效率的保持问题，杀菌液的更换或补充对保持杀菌功效非常重要。开发杀菌实时自动监测和补液装置系统可解决杀菌效率持续性问题。

（四）预处理（pre-treatment）

根据不同种类水果、客户或市场要求，预处理加工工艺不同，主要包括去皮、去核、去籽、修整等环节。预处理是切分加工前的准备工作，也是鲜切加工的限速步骤。由于我国在预处理加工设备方面的技术研发不足，很难实现自动化、连续化生产，目前预处理过程大多仍需人工操作实现。例如，荔枝、龙眼是完全用手工去皮，菠萝、木瓜等是机械辅助的手工去皮。大型果如西瓜、厚皮甜瓜可采用专用去皮机去皮（图2-7）。果形比较端正的水果，如苹果的去皮、去核可完全实现自动化操作（图2-8），但缺点是损耗较大。手工去皮的优点是设备投资少，用水量少，原料制成率高，机械损伤小，酶褐变机会少，但功效低，工资成本高；也有用碱液去皮，既经济又高效。碱液去皮的原理和作用，是碱液渗入到果皮下的细胞层中，将胞间层黏接物质果胶溶解，细胞松离，果皮抗碱力强，这种处理使皮层得以完整的与果肉分离。碱液处理去皮完整，对大小不一、表现凹凸不平的果能均匀一致的去皮，适于大规模的生产，也便于小量加工，节省人力，设备简单，废料最少。而人工操作必然增加了企业的人员成本，如何降

图 2-7　西瓜去皮

图 2-8　苹果去皮与去核

低人员成本和提升加工效率将是未来企业需要解决的主要问题。预处理操作需要在洁净区或准洁净区完成。

（五）切分（cutting）

新鲜水果原料按要求冲洗消毒后进行切分，切分是鲜切加工最关键的工艺操作，也是限速步骤，对鲜切水果货架期寿命具有极其重要的影响。切分的规格和形状也是影响鲜切水果品质的重要因素之一，切分越小，切分面积越大，越不利于贮存。不同切割厚度对鲜切水果生理影响也有差异。切分操作需要在洁净区完成。根据产品、市场、客户及包装要求的不同，切分的形式也不同。常见的切分方式有切瓣、切块、切片、切条等（图2-9）。切分可采用手工切分也可以采用机器切分。由于水果的形态各异，目前机器切分会导致损耗加大，出品率降低，因此小规模（日生产不足1t）生产宜采用手工切分方式，从而降低损耗。

（六）护色（anti-browning）

果实去皮后与空气接触，会迅速变成褐色，从而影响外观，也破坏了产品的风味和营养。对于易褐变品种，切分后急需进行护色处理，在加工中常用的方法有以下几种：

（1）食盐水护色　即将去皮后的果品浸于一定浓度的食盐水中。因食盐对酶的活力有一定的抑制和破坏作用，同时氧气在盐水中的溶解度比空气小，有一定的护色效果。加工中常用1%～2%的食盐水护色。桃、梨、苹果均可用此法。

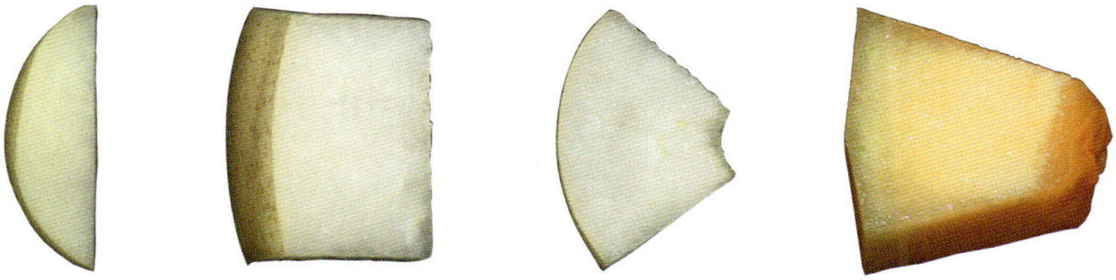

（1）梨（瓣）（2）梨（块/正方体）（3）梨（片/扇形）（4）哈密瓜（块/梯形）

（5）桃（片/三角形）（6）西瓜块（长条状）

图 2-9　鲜切水果常见切分方式

（2）亚硫酸盐溶液护色　亚硫酸盐既可以防止酶褐变，又可抑制非酶褐变，效果较好。常用的亚硫酸盐有亚硫酸钠、亚硫酸氢钠和焦亚硫酸钠等。加工时应采用低浓度，并尽量脱硫。

（3）酸溶液护色　酸性溶液可降低多酚氧化酶活力，大部分有机酸还是果品的天然成分，而且由于氧气的溶解度较小并兼有抗氧化作用，所以优点很多。常用的酸有柠檬酸、苹果酸和抗坏血酸等。研究表明，采用抗坏血酸盐、钙盐及多种护色剂结合处理可显著抑制果实表面褐变。如苹果经护色处理后，可在5℃条件下贮藏21d不褐变，而且品质良好（图2-10）。

（1）未做护色处理　（2）经过护色处理

图 2-10　苹果护色效果对比 5℃条件贮藏 21d

护色操作需要在洁净区完成，所使用的护色剂均需为食品级，符合食品安全要求。连续化生产过程中需要根据处理量及时补充护色剂，也可安装在线控制装置，实现自动补液功能。

（七）沥水（dewatering）

水果切分或护色后进行漂洗处理是鲜切水果加工中不可缺少的环节，漂洗完成后需要去除残留在果肉表面的游离水，这一操作称为沥水。沥水操作可去除残留的细胞汁液，减少微生物污染，并有利于受伤组织释放底物与酶，从而减缓果实组织的生理衰败，防止品质退化。因此，沥水对于避免微生物滋生、保持产品质量非常重要，沥水结束的标准是水果表面无明水。鲜切水果的沥水不同于鲜切蔬菜，不可采用离心方式沥水，宜采用连续风干振动输送方式进行沥水（图2-11）。沥水操作需要在洁净区完成。

（1）柑橘清洗后沥水　　（2）苹果漂洗后沥水

图 2-11　柑橘和苹果的沥水处理

（八）包装（packaging）

鲜切水果的包装通常采用盒式或袋式（图2-12）包装。采用盒式包装时通常采用托盘覆膜方式，可充气也可不充气，充气包装又称为气调包装（即MAP包装）。不充气包装时，也可采用托盘覆保鲜膜包装（图2-12）或扣盖盒式包装。气调包装包装无疑是目前鲜切水果最好的包装形式（图2-13），不仅可以避免二次污染，更重要的是起到良好的保鲜效果。气调通常是通过改变包装内的O_2和CO_2的比例，可以采用充氮气降低O_2方式，也可以采用一定比例的气体（O_2/CO_2）置换包装内空气方式，参考浓度见表2-3。包装间必须位于洁净区。

（1）盒式包装　　（2）袋式包装　　（3）托盘覆保鲜膜包装

图 2-12　鲜切水果包装

图 2-13　鲜切水果气调包装

表 2-3　主要鲜切水果气调包装条件

鲜切水果	适用温度条件0～5℃	
	氧气含量（O_2）/%	二氧化碳含量（CO_2）/%
苹果	<1	—
梨	0.5	<10
桃	1～2	5～12
猕猴桃	2～4	5～10
厚皮甜瓜	3～5	5～15
柑橘	14～21	7～10
甜柿	2	12
菠萝	3	10
石榴	21	15～20
草莓	1～2	5～10
西瓜	3～5	5～10

（九）异物检测（foreign object detection）

鲜切果品在包装完成后，为确保消费者食用安全，所有包装好的产品需要经过异物检测，其主要目的是通过探测器检测包装盒内是否含有金属、毛发或其他异物（图2-14）。探测器在工作中每隔2h必须用标准件校正，并做好相关记录，在工作过程中发现有异物时停机，隔离并标识相关鲜切产品，禁止任何漏报现象发生。

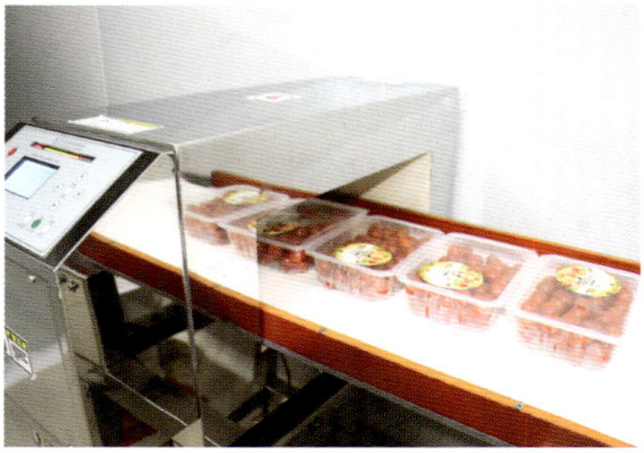

图 2-14　鲜切水果包装金属检测过程

（十）周转性贮藏（temporary storage）

鲜切产品包装后或配送前通常需要在成品库暂存。鲜切水果包装完毕后，再装入适宜的外包装箱，及时转入成品库进行暂存，成品库的温度控制在1～4℃范围。在成品库暂存期间，控制好温度条件之外，一定要注意避免二次污染。不同产品、不同批次应分区放置，并予以标识（图2-15）。对于有特殊香气的鲜切产品应单独区域存放，避免串味。如有条件，对于成熟特性、乙烯敏感性不同的水果也应分别贮存。总之，贮藏过程中需综合考虑产品的生理特性，利用各种保鲜或防护措施，最大限度地保持鲜切水果的新鲜度和食用品质，延长货架期。

图 2-15　鲜切产品成品库暂存

（十一）配送（delivery）

冷链物流是指易变质易腐烂的生鲜农产品从加工工厂或配送中心最终送达到客户全程采用低温运输的配送过程。鲜切水果的配送一律采用冷链物流配送方式，在配送过程中要使鲜切水果始终处于适宜的温度、湿度环境。鲜切水果的冷链物流配送方式采用冷藏车、冷藏箱或蓄冷箱等，温度宜保持在1～4℃（图2-16）。鲜切水果配送期间应严格执行温度条件要求，并且注意避免包装破损、二次污染等问题。配送全程宜配备或设置温湿度实时监测功能的装备，为产品的质量安全溯源管理提供数据保障。

图 2-16　鲜切产品蓄冷箱配送

（十二）销售（sale）

销售是鲜切果品进入消费者手中的最后一环，低温是保障鲜切产品质量的关键因素。进入C端的产品应始终处于低温条件下，销售陈列柜温度需要控制在1～4℃（图2-17）。超过保质期的鲜切果品一律不得继续销售，要统一回收处理。

图 2-17　鲜切产品超市陈列销售

第三章

鲜切水果加工车间的设计

一、鲜切加工车间建造的依据

鲜切加工车间，在其设计、建设和运营的阶段，需要满足食品安全、工程建设、环境保护、安监及职业健康等各方面的法规，其中以食品安全、工程建设和环境保护为重点。鲜切加工车间建成后，必须通过食品生产许可（SC）认证、工程竣工验收、消防验收和环保验收后才能正式投产。鲜切加工车间建造，首先必须符合《中华人民共和国食品安全法》和《中华人民共和国建筑法》的规定，然而各法律法规在具体技术细节上不能面面俱到，因此需要各种标准规范加以补充。

（一）工程建设方面

工程建设标准指对基本建设中各类工程的勘察、规划、设计、施工、安装、验收等需要协调统一的事项所制定的标准。工程建设标准根据内容划分设计标准、施工及验收标准、建设定额，在鲜切加工车间设计和建设中，重点关注设计标准。涉及的主要标准或规范如表3-1所示。

表 3-1　鲜切水果车间建造相关标准

分类	标准名称
土建工程	GB 50007—2011《建筑地基基础设计规范》 GB 50009—2012《建筑结构荷载规范》 GB 50010—2010《混凝土结构设计规范》 GB 50011—2010《建筑抗震设计规范》 GB 50017—2017《钢结构设计标准》 GB 50021—2001《岩土工程勘察规范》 GB 50068—2018《建筑结构可靠性设计统一标准》 GB 50072—2010《冷库设计规范》 GB 50187—2012《工业企业总平面设计规范》 GB 50223—2008《建筑工程抗震设防分类标准》 GB 50345—2012《屋面工程技术规范》 GB 50352—2019《民用建筑设计统一标准》 GB/T 50353—2013《建筑工程建筑面积计算规范》 GB 51022—2015《门式刚架轻型房屋钢结构技术规范》 JGJ 79—2012《建筑地基处理技术规范》 JGJ 94—2008《建筑桩基技术规范》
安装工程	GB 17051—1997《二次供水设施卫生规范》 GB 50013—2018《室外给水设计标准》 GB 50014—2006《室外排水设计规范》 GB 50015—2019《建筑给水排水设计规范》 GB 50019—2015《工业建筑供暖通风与空气调节设计规范》 GB 50029—2014《压缩空气站设计规范》 GB 50034—2013《建筑照明设计标准》 GB/T 50050—2017《工业循环冷却水处理设计规范》 GB 50052—2009《供配电系统设计规范》 GB 50053—2013《20kV及以下变电所设计规范》 GB 50054—2011《低压配电设计规范》 GB 50055—2011《通用用电设备配电设计规范》 GB 50057—2010《建筑物防雷设计规范》 GB 50316—2000《工业金属管道设计规范》 GB 50736—2012《民用建筑供暖通风与空调调节设计规范》 GB 50788—2012《城镇给水排水技术规范》 CJJ 34—2010《城镇供热管网设计规范》
消防工程	GB 50016—2014《建筑设计防火规范》 GB 50084—2017《自动喷水灭火系统设计规范》 GB 50116—2013《火灾自动报警系统设计规范》 GB 50140—2005《建筑灭火器配置设计规范》

续表

分类	标准名称
消防工程	GB 50974—2014《消防给水及消火栓系统技术规范》 GB 51251—2017《建筑防烟排烟系统技术标准》 GB 51309—2018《消防应急照明和疏散指示系统技术标准》
洁净厂房	GB/T 25915.4—2010《洁净室及相关受控环境　第4部分：设计、建造、启动》 GB 50073—2013《洁净厂房设计规范》 GB 50591—2010《洁净室施工及验收规范》 GB 50687—2011《食品工业洁净用房建筑技术规范》

（二）食品安全方面

食品安全方面的标准和规范主要应用于鲜切加工车间的运营阶段，如产品标准、检测方法和从业人员要求，在设计建设过程中需遵循的标准参见第五章。

二、鲜切加工车间的选址

鲜切加工车间选址原则包括充分评估自然环境、配套设施齐全、交通便利性好。

（一）充分评估自然环境

选址时应该充分评估当地的水文、气象、地质、交通状况。车间应设在自然环境和水质较好，大气含尘浓度较低，地形、地物、地貌造成的小气候有利于生产、节能的区域，并在污染源和全年主导风向的上风侧面，利于排泄雨水。鲜切加工属于轻污染行业，因此在选址的时候多考虑周围其他项目对鲜切加工车间的影响，避开产生有害气体、烟雾、粉尘等物质的工业企业及其他产生污染源。选址时应避开易发生洪涝灾害的区域。选址时应避开填湖、沟渠以及大面积填方的地块，一是地质情况差造成土建投资的大幅增加，二是自然沉降不可避免对车间地面、回车场和道路造成影响。选址时应远离主城区或者居民集中居住区，生产区域离主干道宜50m以上，中间有绿化带隔离或者物理隔离。

（二）配套设施齐全

新建鲜切加工车间，建成后应达到“五通一平”，即通水、通电、通路、通邮、通讯，平整土地；如有必要还应通天然气或煤气。主干道平整，交通流量能满足货物运输需要。选址时还应考虑污染物排放的配套设施。鲜切加工车间的主要污染物是废水和固体废弃物。废水最好能够直接排放到工业园区或者开发园区的污水处理场，如不能则经本厂区的污水处理场处理后排入城市污水管网。在垃圾分类的大趋势下，固体废弃物的排放比以前相对困难，选址时应了解相应的接收渠道。

（三）交通便利性

交通便利性应以绿色出行为理念，重点考虑厂址与原料产地、主销区域及员工集中地的关系。当厂址与原料产地比较近时，最好直接选址在原料产地，产地采收的果蔬直接送到车间进行处理。当厂址与主销区域比较近时，对延长产品的货架期、扩大产品的配送半径有极大的好处。当产品以货架期较短的即食鲜切产品为主时，应考虑选址靠近主销区域。选址时还应考虑员工集中地与厂址的关系，方便员工出行。

三、鲜切加工车间的设计要求

鲜切加工车间总平面布局应功能分区明确、布局合理，交通流线便捷顺畅，空间环境优美舒适，满足卫生防疫、消防、环保、安全等方面的要求。在总体规划上，合理利用土地，满足城市规划要求，合理组织各种人流物流，内外交通简捷畅通，互不干扰。

（一）总平面布置

总平面布置应遵循功能分区合理的原则。鲜切加工厂的核心功能为生产加工区，另外有生活办公区和生产配套区。生产加工区包括原料库、加工车间、成品库、更衣室、车间内的附属设施（如配电室、空调机房、洗衣房等）。生活办公区包括宿舍、食堂、单独设置的办公楼。生产配套区包括变配电用房、给水水池（含生产生活水池和消防水池）、水泵房、锅炉房（若需要）、机修物料库、垃圾间、化学品库、公厕、污水处理场等。根据生产规模和加工工艺的不同，生产加工区实施加工生产线分隔，不同功能区域应通过墙体分隔，避免交叉污染（图3-1）。当办公区与生产车间合并的时候，如在车间二层设置办公区，需要注意厂区内人流与物流的分离，避免办公人员流线与物流交叉，方便管理，也减少安全事故的发生。场区内的公厕、污水处理场和锅炉房应布置在主导风向的下风向。

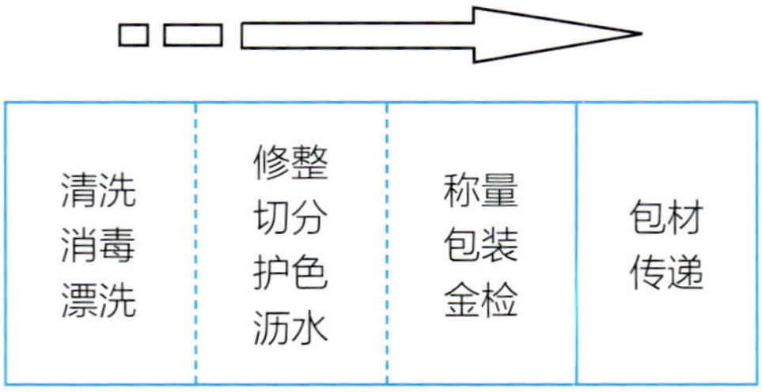

图 3-1　生产加工区域分割

（二）竖向设计

竖向设计是对场地地面及建、构筑物等的高程做出的设计与安排。竖向设计主要进行场地地面的竖向布置，确定建、构筑物的高程，拟定场地排水方案，安排场地的土方工程，设计有关构筑物。对于较为平整的场地，竖向设计主要是确定建、构筑物的高程和排水方案；对于地形比较复杂的场地，重点是确定土方工程。竖向设计应尽量结合自然地形，减少土方工程量，填方、挖方一般应考虑就地平衡，力求使场地土方工程总量最小，避免深挖高填，减少挡土墙、护坡和建筑基础工程量。

（三）交通流线

总平面布局中的流线主要是人流和车流流线，应采取措施尽量避免人流流线和车流流线的交叉。人流流线主要是办公区人员流线，上班人员流线，就餐人员流线；车流流线主要是原料流线，成品流线和废弃物流线。当一条道路同时存在人流和车流的时候，尽量设置一条人行道，或者划定专门的斑马线区域。采用单向流生产线，防止原料及产品走向交叉成品流线与原料流线、废弃物流线不得交叉（图3-2）。原料和成品的回车场尽量分开设置，若确实需要合用回车场，应在站台上设置隔离措施。

道路的设置要保证流线顺畅，道路的宽度要满足车辆运输的需要。正常厂区内道路宽度为单车道路宽4m，双车道路宽7m。当原料物流或成品物流非常大时，可以增加主物流道路宽度。厂区内应设环形消防车道，建筑与建筑单体之间也需要设环形消防车道。只考虑消防用途时，消防车道可设置为4m宽单车道；考虑其他用途兼用时，宜设置为7m宽双车道。道路转弯半径一般为9～12m。道路和回车场面层应选用坚固不起尘的材料，如沥青、混凝土。坡度要求道路纵坡一般不小于3‰，回车场一般不低于5‰。

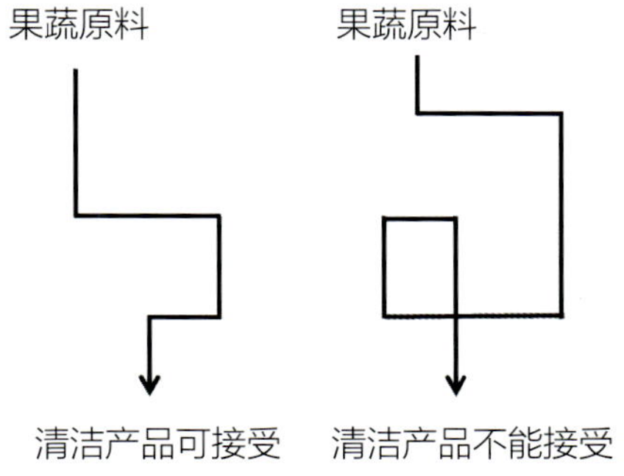

图3-2　单向流生产线

（四）鼠害防控

鼠害防控是鲜切加工车间建设过程中必须关注的环节，可从围墙和设置防鼠带着手应对。对于实体围墙，墙根抹60cm高的光滑水泥墙围，或在地面以上60～75cm处用水泥抹15cm宽的光滑防鼠带，防止鼠类攀援。墙基离地面深度不得少于60cm，防止老鼠掘土穿越。防鼠带是一种有效的防鼠方法，地面或沟底铺卵石达到防鼠的目的（图3–3）。

（1）整体效果　　（2）防鼠带

图3-3　防鼠带使用案例

四、鲜切加工车间的建设

在确定生产规模、生产工艺和布局之后，加工车间等建筑单体需按照建筑行业的一系列的规范进行设计、建设和施工。鲜切加工车间的建设主要包括土建工程、安装工程、消防工程及洁净间工程。

（一）土建工程

土建包括建筑和装修装饰工程。在项目的施工中，根据施工的顺序及建筑功能，建筑工程主要包括基础、主体结构和维护结构。装修装饰工程包括吊顶工程、内墙工程、地面工程、门窗工程、防撞柱和阴阳角细部工程等，但不包括给排水、暖通空调和电气工程。

1. 建筑

（1）基础和地基　基础是建筑物的主要承重构件，属于隐蔽工程。建筑物与土层直接接触的部分称为基础；支撑建筑物重量的土层称作地基。基础是建筑物的组成部分，它承受着建筑物的全部荷载，并将其传给地基。地基并不是建筑物的组成部分，它只是承受建筑物荷载的土壤层。地基可分为天然地基和人工地基两种。在进行选址时，尽量避开人工地基。

鲜切加工车间建设中，常用的基础形式有独立基础、条形基础和桩基础。独立基础是用于单柱或高耸构筑物并自成一体的基础。适用于上部结构采用框架结构或单层排架结构承重的建筑物。条形基础适用于上部荷载大而地基承载力低、地基土不均匀且土质变化大、各柱荷载相差大、柱网较小独立基础所需要的基础面积不能被满足的情况。桩基础由基桩和联接于桩顶的承台共同组成。桩基础按照基础的受力原理大致分为摩擦桩和端承桩。建筑物下存在不稳定土层（如液化土、湿陷性黄土、膨胀土）时宜采用桩基础。常用的桩基分为人工挖孔桩、灌注桩和预制桩。

（2）主体结构形式、特点及选择原则　鲜切加工车间在结构选型上，常用的结构形式有框架结构、门式钢架结构和网架结构。选择结构形式一般考虑经济投资、食品卫生和建设工期几个因素。鲜切加工车间结构形式要首先考虑工艺布局，再考虑车间环境带来的其他影响。鲜切加工车间经常有多水作业区域，低温高温区域、低温高湿区域，还有清洗剂和消毒剂带来的腐蚀性等问题。

①平面布局对比：混凝土框架结构柱网比较密，跨度比较小，一般不超过

12m，一般经济的柱网在6~9m的跨度，导致车间内柱子较多，会影响生产设备的布置，减小了车间的使用面积，间接的增加了投资。采用钢结构柱网要大的多，对平面布局的影响较小，但是钢结构的隅撑和水平支撑杆件会影响开门，对生产工艺的平面布置有影响。

② 食品卫生对比：采用混凝土框架结构防锈和卫生死角的问题容易解决，而门式刚架和网架则很难杜绝生锈现象，尤其是檩条和杆件难于防护，易生锈，不仅会带来安全问题，还埋下食品安全的隐患。除去生锈的问题外，钢结构的墙檩、隅撑和水平支撑杆件都容易产生卫生死角，一般会将檩条设计在内墙外侧，隅撑和水平支撑杆件尽量用墙体材料包裹。

③ 工期对比：选择混凝土框架结构，施工时需要先平整场地，再施工基础，然后施工主体结构，必须严格遵循这个步骤，施工的工期较长；选择钢结构，由于钢柱、檩条和杆件都是在加工厂中制作完成的，因此施工的工序上可以交叉，施工的工期比混凝土框架结构短。

④ 防火对比：采用钢结构，由于GB 50016—2014《建筑设计防火规范》的实施，用于鲜切加工车间的A级芯材金属夹芯板选择余地较小。钢结构的防火墙一般为轻质防火墙，现有市面上多数为硅酸盐版，此种防火墙由于不耐水、不耐酸碱，用在车间内时需要加不锈钢板饰面，造价较高。采用混凝土框架结构，由于砖墙及加砌块墙体的防火性能优异，所以混凝土框架结构基本不存在防火的难题，并且价格有优势。

综合以上各种因素，选择结构形式时，可以参考以下原则：

a. 当生产工艺决定加工车间比较潮湿，温区多变时，宜采用混凝土框架结构；

b. 当生产工艺或产品未完全确定，或者后期有计划改变生产线时，宜采用门式刚架和网架结构，主要原因是跨度大，后期生产线改造方便；

c. 综合考虑上述两点时，可以采用混凝土柱加钢网架的结构形式；

d. 当地质承载力比较差的时候，宜采用钢结构，因为混凝土框架结构的自重太大，会导致地基处理或者基础的工程造价升高；

e. 当采用多层车间时，宜采用混凝土框架结构，因为混凝土框架结构承重能力强。当加工车间用水较少，荷载不大时，也可以采用钢框架结构；

f. 当采用高架库时，宜采用钢结构（门式刚架和网架结构）；

g. 当工期较短时，宜采用钢结构（门式刚架和钢网架结构）。

（3）单层车间和多层车间的比较　单层车间即只有一层，剖面图上的显示为地基、车间、闷顶和屋面（图3-4）。多层车间即为多层，总高度不超过24m，剖面图上的显示为地基、一层车间、一层车间闷顶、二层车间、二层车间闷顶，以此类推，直到屋面（图3-4）。当多层车间的高度超过24m时，称作高层车间，剖面图上的显示与多层车间相同。

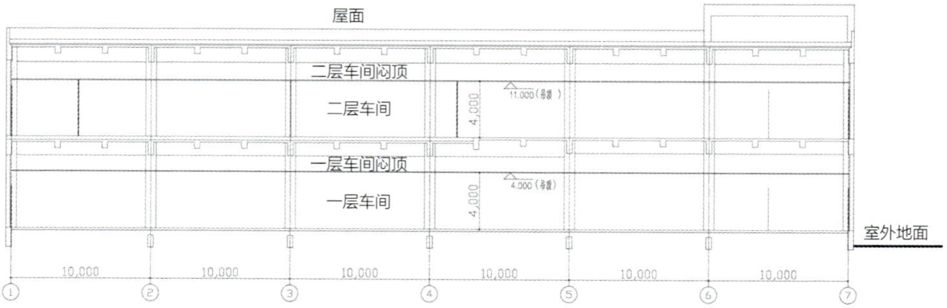

图 3-4　典型二层车间剖面图

对于鲜切加工车间来说，单层车间和多层车间的比较如下：

① 单层车间的优点：人流物流容易规划，物流简单，只有横向，没有竖向；排水、通风等施工方便。缺点是当产品众多时，流线复杂易交叉。

② 多层车间一般设计为每层车间加工一个到两个品类，当每层车间加工品种单一时，物流顺畅合理；需要同时兼顾平层和立体交通。多层车间的最大优点是节约用地，当地质较差时，建设同等面积的多层车间的投资要少于单层车间。由于多层车间相对节约土地，目前国内多地均鼓励工业厂房建多层车间。多层车间的缺点主要是竖向交通流线和水平交通流线容易交叉，另外增加了排水、通风等的困难。

鲜切加工车间大部分选择单层车间，当选择多层车间时，应该注意流线、温度场划分、通风以及排水等方面，才能较好地满足鲜切加工的要求。

2．装修装饰工程

（1）顶棚　鲜切加工车间顶棚设置应符合GB 14881—2013《食品安全国家标准　食品生产通用卫生规范》规定。加工车间的生产区域均需采用吊顶。吊顶分为有缝隙的吊顶和无缝隙的吊顶（图3-5）。由于扣板类有缝隙的吊顶多为单层板，不能阻止水汽和温度的传递，容易结露而形成冷凝水，进而滋生微生物影响产品安全性，因此鲜切加工车间宜采用无缝隙吊顶。但无缝隙吊顶的缺点是会占用较大的闷顶空间，如果层高不够，后期检修很困难。

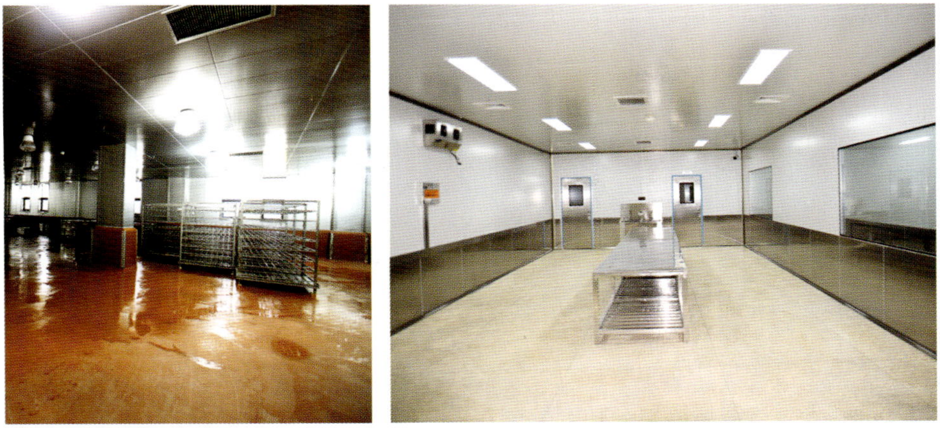

（1）典型的扣板吊顶　　（2）洁净板吊顶

图 3-5　吊顶

（2）内墙面　加工车间内墙面做法主要有涂料、瓷砖和洁净板（或金属夹芯板）三种。

涂料宜选择防霉涂料，涂层首要的功能是抗擦洗，有一定的防霉和耐酸耐碱作用。涂料选择不当则会发生脱落，导致清洗困难，严重的导致防霉失效。

瓷砖是一种常见的耐用内墙面，造价相对较低。除去洁净室外，均可采用瓷砖作为内墙面。对于有水作业的内墙面，一般用瓷砖设置1.5～2.0m高的墙裙（图3-6）。对于易产生水汽的车间，最好将整个墙面贴上瓷砖。使用瓷砖墙面的优点是容易清洗，缺点是维护不当砖缝会发霉。

（1）瓷砖为墙裙的内墙面　　（2）洁净板的内墙面

图 3-6　内墙面

洁净板或金属夹芯板是目前常用的墙面材料，表面材料可以是彩钢板，也可是不锈钢（图3-6）。当房间有保温要求时，芯材宜采用保温材料。金属夹芯板满足JGJ/T 453—2019《金属面夹芯板应用技术标准》，芯材应为不燃材料。

（3）地面　鲜切加工车间的地面多为防水地面，从下到上，依次为素土层、碎石或三七灰土层、混凝土垫层、找平层、防水层、保护层、混凝土面层及最终面层（图3-7）。常见的地面最终面层有混凝土地面（或耐磨地面）、地砖、水磨石、花岗岩、环氧树脂和聚氨酯砂浆。环氧树脂和聚氨酯砂浆为整体地面，地面完成之后没有接缝，而其他地面均有接缝。有接缝的地面，长期使用后，接缝处容易破损、积水，给清理卫生带来困难，形成卫生死角；而整体地面则不易形成卫生死角。如图3-8是典型的三种地面：图3-8（1）为混凝土地面，施工简单，造价低廉，但是容易析出粉尘颗粒，长期使用后不易清洁；图3-8（2）为瓷砖地面，造价低，但是不防滑、易碎、砖缝易发黑起砂或损坏；图3-8（3）是环氧树脂地面，强度高，耐磨损，维护成本低，卫生条件好，但是初期投资大。对于鲜切加工车间宜选用聚氨酯砂浆地面。

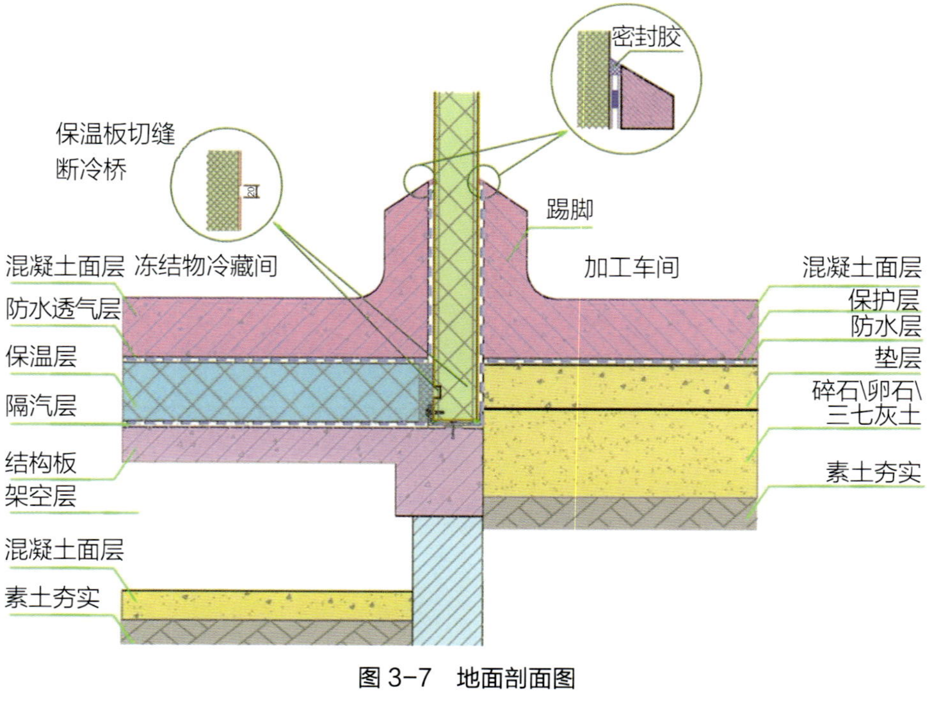

图 3-7　地面剖面图

（1）混凝土

（2）瓷砖

（3）环氧树脂

图 3-8　典型的三种地面（混凝土、瓷砖和环氧树脂）

（4）门窗

① 门：车间的外门一般要求抗风压性能分级、气密性性能分级、水密封性分级和传热系数分级分别达到相应的级别，对车间卫生影响较小。车间生产区的内门分为平开门、防撞自由门、冷藏门和快速卷帘门（图3-9）。平开门可以用于内门，也可以用于外门，主要用在人流多，物流少的地方，门板有多种材质。

（1）车间内平开门

（2）防撞自由门

（3）车间内冷藏门

（4）快速卷帘门

图 3-9　车间生产区内门类型

防撞自由门一般用于内门，主要用在物流通道，方便桶车、板车等运输工具通过。防撞自由门可以双向开启，即时自动关闭，既保证了物流便捷，又避免了人工开门，提高了同行效率，减少人带来的交叉污染。防撞自由门一般采用不锈钢门板，也可以采用耐撞击的改性聚苯乙烯塑料（ABS）材质门板；选用水滴状高密度聚乙烯（PE）板缓冲垫或踢脚板和高度透明的塑料材质视窗，具有良好的密封性和保温性。冷藏门又称冷库门，主要用于冷库，起到保温隔热的作用。冷藏门多数为平移门，也有平开门，分为手动和电动两种，自带电加热防冻装置，门板一般为不锈钢，保温材料一般为聚氨酯。冷藏门周围需要做防撞栏杆。快速卷帘门是指快速升降的无障碍隔离门，主要作用是快速隔离，从而保证车间空气质量无尘等级。具有保温、防风和防尘等多项功能，并广泛用于食品、化学、纺织、电子、物流和仓储等多种场所，可满足高性能物流及洁净要求。

② 窗：目前鲜切加工生产区域内尽量不设置窗户。若确需设置窗户，外窗户玻璃应采用安全玻璃，避免玻璃破碎后对食品造成污染；若采用可开启窗户，必须设置防虫的窗纱，并易于清洁。内窗户一般用于观察，尽量采用透明的塑料材质制作，如聚碳酸酯（PC）。参观窗（图3-10）一般设置在参观走廊与车间之间的窗户，由于参观通道内和车间内的温度、湿度差异较大，参观窗的设计和选材不当经常会造成窗户上有结露，否则既影响参观效果，又带来食品卫生的隐患。为节省造价，参观通道宜和车间划分为一个防火分区，减少防火窗的设置，减少结露现象，达到更好的参观效果。另外，可以选择电加热的玻璃，解决参观窗结露的问题。

图 3-10　典型的参观窗

（5）收发站台　收发站台也称码头，又分为收货站台和发货站台。收发站台主要是提供车辆停放并顺利装卸货的设施，主要包括站台、提升门、门封、装卸平台、防撞胶块、交通灯、货位灯、倒车导向轨、倒车限位器等。收发站台分常温站台和控温站台（图3-11），鲜切加工厂通常需要控温站台。控温站台根据装卸货的要求，温度一般控制在10℃以下，要求不能有"跑冷"的地方。收发站台一般设置保温提升门、充气门封和无断链装卸平台来保证冷链的连续（图3-12）。

（1）常温站台典型的提升门和卸货平台　　（2）控温站台的无断链装卸平台

图 3-11　常温站台和控温站台

图 3-12　无断链装卸平台工作实景

（6）保温　鲜切车间内，不论是民用建筑部分，还是生产区域部分，都需要进行保温设计，一方面是出于生产的需要，另一方面是出于建筑节能的需要。保温设计中需要执行的规范有GB 50072—2010《冷库设计规范》、GB 51245—2017《工业建筑节能设计统一标准》和GB 50189—2015《公共建筑节能设计标准》。

鲜切加工车间内有很多温度分区，主要分区如图3-13所示。针对这些温区，常用的保温材料有聚氨酯、挤塑聚苯和岩棉。保温材料的选择还需考虑相关消防规定的要求进行，通常采用聚氨酯夹芯板，防火等级B_1级以上。

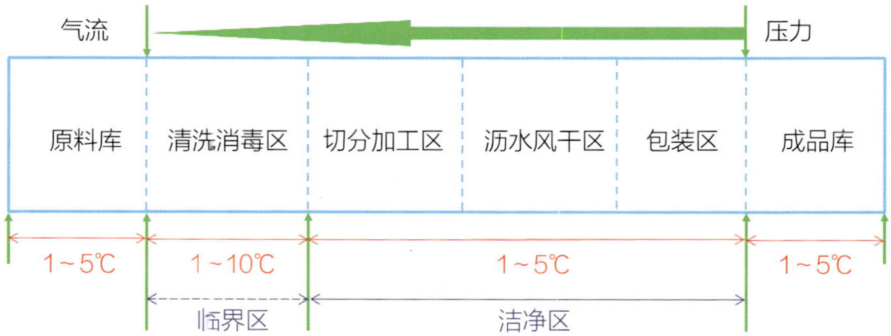

图 3-13　不同加工区域温度要求

采用钢结构的车间，屋面不能采用单层钢板屋面，否则吊顶内冷凝水无法解决。另外，根据现行防火规范，屋面一般采用岩棉等A级防火材料作为保温层。

车间的民用建筑部分，需要执行GB 50189—2015《公共建筑节能设计标准》，一般屋面采用挤塑聚苯乙烯泡沫塑料板。外墙根据计算，采用相应的保温做法。由于岩棉具有吸水性，因此在有水房间的岩棉应采用憎水岩棉。

（7）原料库和成品库　鲜切车间的原料库和成品库需要按照GB 50072—2010《冷库设计规范》中高温冷库（0~4℃）进行设计。冷库的墙体、顶棚的保温材料一般采用聚氨酯，厚度根据房间温度而定。

3. 与食品卫生相关的细节

（1）更衣消毒　车间清洁区域的一般划分为一般作业区、准清洁作业区和清洁作业区，每个清洁区域均对应各自区域的更衣室。更衣室包括换鞋间、更衣间、换靴间、洗手消毒间、卫生间、淋浴间和风淋室，其中淋浴间和风淋室根据需要设置。更衣室的设备应包括以下内容：鞋柜、更衣柜、挂衣架、靴架、洗手池（带消毒槽）、干手器、脚消毒池和酒精消毒器等（图3–14）。一般要求鞋柜配通风，靴架自带烘干器，洗手池采用感应水龙头或者膝盖顶水龙头，不用手接触式的，也尽量不采用脚踏式的。更衣室可以选用一些专用的设备，满足更高的卫生标准，如洗靴机（图3–15），通过式洗靴机主要用于清洗靴底，而普通洗靴机主要对靴筒进行清洗。更衣室进入车间之前需要做脚消毒池，一般为土建池子，改造项目或者条件不具备时，也可采用不锈钢成品消毒池（图3–16）。消毒池要求人不能一步跨过，水深能没过靴面。

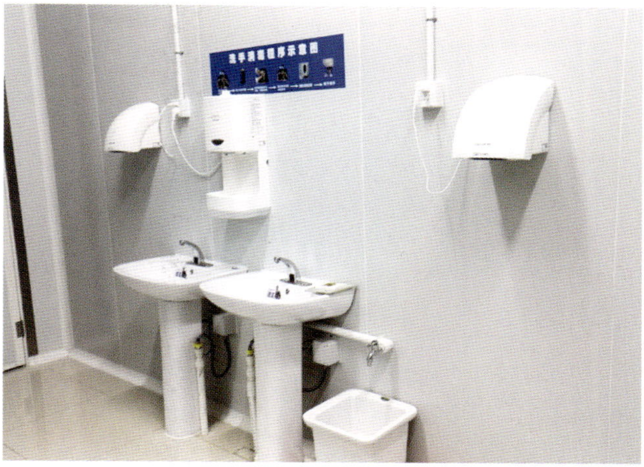

图 3–14　更衣室洗手池、酒精消毒器以及干手器

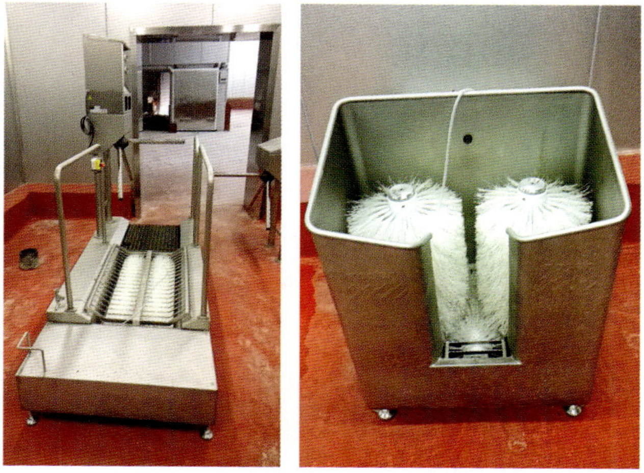

（1）通过式　　（2）普通型

图 3–15　洗靴机

（1）土建式　　（2）不锈钢式

图 3-16　消毒池

（2）踢脚及阴阳角　为预防加工区域内产生卫生死角，房间内部的阴阳角要求做成圆弧形的。阴阳角可以用土建做法直接做成，也可以用建筑型材做出来。图3-9（1）中，洁净墙板与洁净墙板相交的阴角和阳角、洁净墙板与吊顶板的阴角、洁净墙板与地面的阴角均用不锈钢型材制作。图3-17中，柱子上的阳角也采用这种做法。在多水、潮湿的房间里，墙壁与地面间的阴角因为长期清洗，应采用另外一种做法，即踢脚。踢脚的材料多与地面的材料相同，如地面采用混凝土基层，面层采用聚氨酯砂浆，踢脚基层也采用混凝，面层采用聚氨酯砂浆。踢脚与地面间的阴角可以直接用建筑材料做出圆弧形，及杜绝卫生死角，又方便清洗，避免了金属型材进水或者胶材老化的问题，对于洁净板也是很好的防护。踢脚也可以用于土建墙体与地面之间的阴角做法。图3-18展示的是踢脚的做法。

图 3-17　柱子上的阴阳角做法

（1）踢脚用于土建墙体阴角和洁净板阴角的做法

（2）踢脚用于洁净板阴角的做法

图 3-18　踢脚的做法

（3）窗台　前文所述，生产区域内尽量不设置窗户，当确实需要设置窗户时，应注意窗台的特殊处理。一般来说，在车间内部不设置窗台，或者窗台做45°斜坡，可以保证易于清洗，且清洗时不会积水，如图3-19所示。

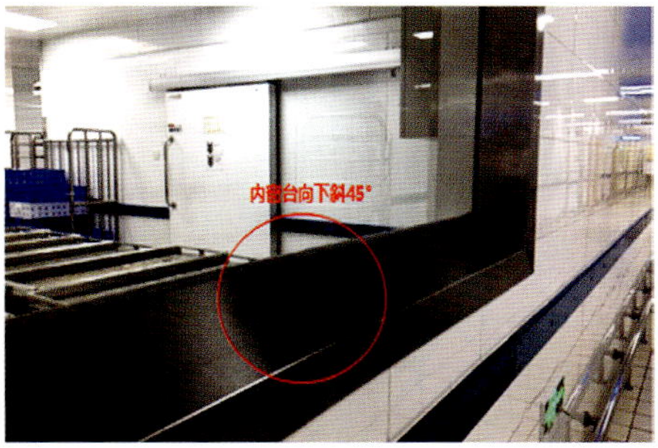

图 3-19　内窗台的做法

（4）雨水簸箕　根据食品工厂的一般要求，屋面雨水管的排水不能直接排到建筑散水上，以免长期滴落形成积水，增加飞虫的风险。成熟的建筑做法是做雨水簸箕，保护建筑散水，如图3-20所示。

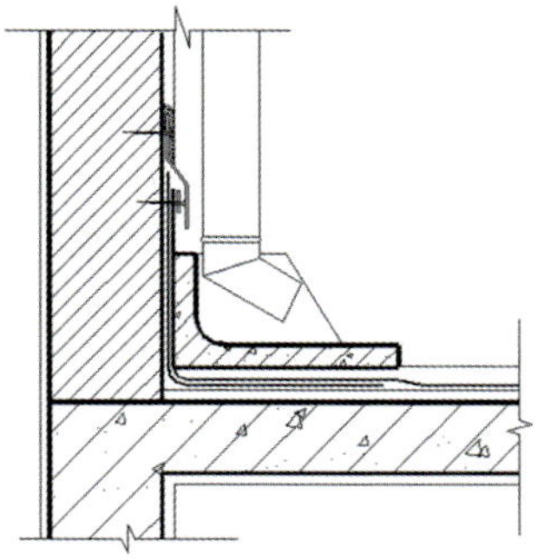

（1）水簸箕大样

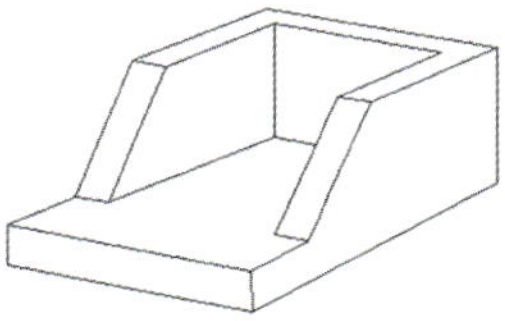

（2）水簸箕轴测图

图 3-20　雨水簸箕示意图

（5）挡鼠板　食品工厂按需要设置挡鼠板，车间、仓库人员进出的地方应该设置挡鼠板。根据GB/T 27770—2011《病媒生物密度控制水平　鼠类》的规定，一般设置0.6m高的挡鼠板。另外，厂区的变配电间也需要设置挡鼠板。

（6）灭蝇灯　车间防虫害常用的方法有暗道、风幕、橙色软帘、低温控制以及灭蝇灯诱捕等，灭蝇灯是一种常用的防虫措施（图3-21）。

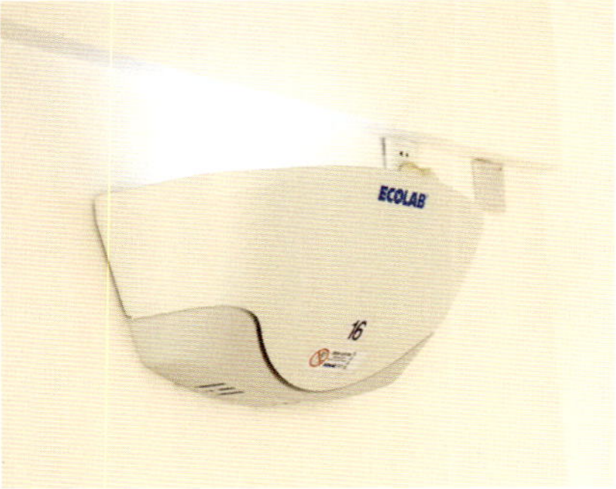

图 3-21　常见的灭蝇灯

（7）废弃物间和垃圾站　车间前区，在原料整理加工区设置废弃物间，用于蔬果整理下来的废弃物和一些包材的存储。废弃物间与车间通过洞口相连，与室外通过门相连，废弃物间最好设置温度控制（如10℃或者4℃），可以控制气味和虫害。车间准清洁区和清洁区通常不设置废弃物间，可以设置密闭的废弃物桶，定时清理。图3-22所示为常用的废弃物桶。

图 3-22　废弃物桶

每天的废弃物量比较大时，厂区宜设立垃圾站，垃圾站按照垃圾分类的原则设置不同的收集间，并对蔬果废弃物的湿垃圾进行减量化处理。减量化处理可以采用湿垃圾集中处理设备（图3-23），具有自动上料、自动研磨、自动脱水和就地清洗（CIP）的功能，通过研磨和脱水工序除去湿垃圾中的大部分水，留下干物质，大幅度减轻了垃圾的体积和重量，既实现了减排，也为工厂节约了成本。

图 3-23　湿垃圾集中处理设备的示意图

（二）安装工程

1. 给排水工程

（1）给水　新建厂区供水水源一般是市政供水、地下水或者地表水，地下水或者地表水要先行化验水源水质，达不到GB 5749—2006《生活饮水卫生标准》的要求时，必须配置水处理系统。鲜切产品部分工艺要求必须用纯净水加工时，根据用水量设计水处理系统。

若市政供水量不能满足最大时用水量，需设置储水设施，如水池、水罐或水塔，目前常用的方式为水池。同时在水泵房内设置智能型生产变频给水设备，满足压力稳定、高效节能的供水要求。

给水管道的设计和施工原则：

① 室外给水管道采用枝状管网。干管沿用水量较大的地段布置，以最短距离向大用水点供水；

② 加工车间室内给水管网采用环状管网，以保证不间断供水。其他各辅助建筑单体内均采用枝状布置，单向供水；

③ 各建筑单体入户总管上设置室内水表计量，室内各用水点根据需要设置水表计量。水表推荐采用智能水表。

（2）高压泡沫清洗系统　高压泡沫清洗系统作为一种先进的清洗方式，完全有必要在鲜切蔬果行业尝试应用。高压泡沫清洗系统由集中控制供水系统提供高压水到各车间出水点，以快插的方式连接清洗分站设备和盘管器等，对各车间进行冲洗、清洗和消毒的设备，具有操作简便、节能高效、安全便捷的特点。清洗分站在车间内，一般每个清洗分站的清洗范围是20～25m（图3-24）。

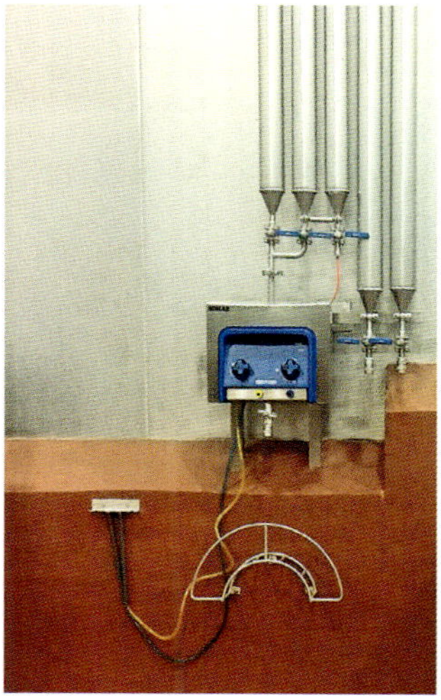

图 3-24　清洗分站

（3）排水

① 排水系统分类：排水系统分为场区排水系统和车间的排水系统。对鲜切加工厂来说，车间的排水系统直接影响着产品卫生和生产效率。车间的排水系统应能迅速将水排走，地面上不产生积水，没有异味，减少环境落菌率，清洁便利。因此在设计和建造时，应注意以下几点。

a. 排水系统需要注意清洁区域的划分，很多规范中规定高清洁区域的水可以排向低清洁区域，但是在实际建设中，建议每个清洁区域单独向室外排水，不同的清洁区域之间的排水不连通。

b. 设备和车间清洗排水的管径要满足最大瞬时排水量的需求。

c. 坡度和管径的设计要考虑余量，防止因管径堵塞变小导致排水量变小。

d. 根据排水的实际需求，确定排水的方式。排水方式一般分为两种，地漏和排水沟，排水沟又分为缝隙式排水沟和普通排水沟。通常清洗和预处理间用水量较大采用排水沟排水，而切分、加工和包装车间采用直接排水方式。企业需要根据实际排水量合理设计。

e. 材质。对于鲜切加工车间，地漏与排水沟都选择不锈钢成品（图3-25），不采用土建排水沟。

② 洁净用房排水设施：洁净用房对排水设施有专门的规定。GB 50073—2013《洁净厂房设计规范》和GB 50687—2011《食品工业洁净用房建筑技术规范》中均做出了规定。

a. Ⅰ级洁净用房内不应设地漏。

b. Ⅱ级洁净用房内不宜设地漏。

c. Ⅰ级、Ⅱ级洁净用房内不宜设排水沟。

d. Ⅰ级、Ⅱ级洁净用房内不应有排水立管穿过。

③ 室外排水遵循雨污分流的原则：部分省市要求生活污水与生产污水也进行分流。污水重力排放至污水处理场或指定的管网。雨水有组织排放，若有雨水回收的需求，可重点回收屋面雨水，经简单处理后就可投入使用。

（1）地漏

（2）排水沟

图 3-25 地漏和排水沟剖切图

2．暖通空调

（1）通风

① 车间通风：鲜切水果加工车间中，通风是个重要的环节，主要是满足工艺、车间正压负压、人员工作及排湿的需要。一般车间的通风次数和要求如下。

a．车间内各区域根据工艺需要设有送、排风系统，空调房间除独立新风系统外，另设机械排风系统，在过渡季节和车间清洗、消毒时可开启最大新风量并运行排风系统，其他季节系统的运行根据生产的需要开启。车间的排风需在下班后通风不小于2h以消除室内的湿气，冲洗地面时，排风换气次数为6次。

b．对于车间内人员较多的房间设置新风系统，新风经新风机组处理后送入生产加工间，新风入口设过滤器。车间新风量按不小于30m^3/（h·人）设计。

c．原料及工器具清洗间等高湿、多水汽的房间设通风系统，排风次数不小于15次/h。

d．原料库和成品库，每天按照要求适当通风。

② 其他建筑单体或房间通风：除去车间外，厂区内其他建筑单体或这车间内的功能房间也需要通风，通风次数和要求可以参考下列要求。

a．变配电间、柴油发电机房、洗衣房设置机械通风系统，换气次数经热平衡计算确定，但换气次数一般不小于15次/h。

b．卫生间、淋浴间设置机械通风系统，换气次数不小于12次/h。

c．更衣间设置机械通风系统，换气次数不小于5次/h。

d．添加剂或辅料仓库、纸箱库、内包材库等设置机械通风系统，换气次数6～8次/h。

e．垃圾间设置机械通风系统，换气次数不小于12次/h。

f．水泵房、配电间、电梯机房设置机械通风系统，按不小于8次/h计算。

g．厨房设机械排风系统，按50次/h换气次数计算。

h．与低温房间有关的一切风道，皆采取防结露及防冷桥措施。

i．凡在生产时常开的门，其两侧温差超过15℃时，设置空气幕。

j．室外风口均设置不锈钢防虫网和不锈钢防雨罩，防止雨水回流。

③ 风管材料：风管材料有多种，如不锈钢板、热镀锌钢板和玻璃钢等。车间生产区域的风管推荐采用不锈钢板制作，尤其是潮湿房间。风管保温采用带铝箔外保护层的橡塑保温。风管的软接材料空调部分选用硅酸钛金保温软管，其他均选用硅酸钛金软管连接。

（2）采暖与空调　车间和办公生活区根据不同的需要，有不同的温度需求。采暖地区必须同时考虑冬季采暖和夏季空调问题，而非采暖地区只需要考虑夏季空调问题即可。

整体车间供暖设计可考虑采取锅炉、市政管网或热泵等供暖方式。车间内空调房间的采暖，不宜采用散热器，可以利用空调末端供暖。车间的空调系统分为舒适性空调（20～25℃）和低温空调两种（8～10℃）。舒适性空调一般采用水系统；低温空调分为直接式制冷系统和间接式制冷系统。鲜切加工各区域可根据温度需要采取不同的供暖方式，表3-2所示为鲜切车间各区域推荐的温度。

表 3-2　鲜切水果加工厂不同区域温度设计要求

车间区域	夏季温度/℃	冬季温度/℃
办公室、更衣间、有人员办公的房间	22～24	20
原料库	≤10	≤10
原料清洗区域	≤10	≤10
加工区域	≤10	≤10
内包装区域	1～5	1～5
成品库	1～5	1～5
有水管穿过且无人值班房间	—	5

一般情况下，原料间温度按照原料特性及周转周期设定不大于10℃，原料预处理间温度应控制在1～10℃，产品切分加工间、包装间、成品暂存库温度应控制在1～5℃。

3. 电气

电气的内容主要包括变电、配电、照明、防雷、接地和消防等内容。电气的设计与施工应该遵循节约投资、降低线损、维修方便、节省人工（电工）的原则。

（1）变配电　鲜切水果加工车间用电负荷相对较小，一般都是10/0.4kV变配电系统。首先要明确工程的用电负荷等级，一般来说，冷库的制冷设备、消防用电设备（消防控制室、消防水泵等）、应急照明及疏散指示等的用电负荷为二级负荷，其他均为三级负荷。二级负荷要求有两路10kV电源，否则需要设置柴油发电机作为应急备用电源。变配电的位置应靠近全厂区的负荷中心，当厂区过大或者负荷中心较多时，可以设置多个变配电间。

变压器分为干式变压器、油浸式变压器和厢式变压器，在场地允许的情况下，尽量不采用厢式变压器。另外按规定设置10kV继电保护装置、高压计量、功率因数补偿及漏电火灾报警系统等。

（2）电力配电

① 低压配电系统采用220/380V放射式与树干式相结合的方式，对于单台容量较大的负荷或重要负荷采用放射式配电，对一般负荷采用放射式与树干式相结合的供电方式。

② 对消火栓泵、排烟风机、消防控制室等消防负荷采用两路电源供电并在末端互投。

③ 冷库等低温场所采用YGC–0.6/1kV硅橡胶绝缘硅橡胶护套电力电缆；消防设备配电电缆采用NHYJV–0.6/1kV交联聚氯乙烯绝缘铜芯耐火电力电缆；控制电缆为KVV型电缆，与消防设备有关的控制电缆为NHKVV耐火型电缆。

④ 在车间多水潮湿场所安装的配电箱、控制箱及其他电器设备（如控制按钮、开关、行程开关、插座等），应采用外壳防护等级为不低于IP65级的密封防水型电气产品。现场配电箱、控制箱与电器设备的线缆应穿内螺纹不锈钢连接管。

⑤ 穿过保温层及金属夹芯板的电气线路应相对集中敷设，且必须采取可靠的防火和防止产生冷桥的措施，电气线缆可穿钢管进行保护；穿过防火墙的电气线路必须采取可靠的防火措施，线缆穿越防火分区时，楼板洞、墙洞应采用防火材料进行封堵。

⑥ 变配电室至各单体低压配电外线部分采用电缆排管和直埋敷设相结合的方式。

⑦ 计量：根据车间需要分区域计量。

（3）照明

① 光源：冷库冷间及穿堂等低温场所采用冷库专用发光二极管（LED）灯，车间主体加工场所采用防护等级不低于IP65的非玻璃防护罩的密闭LED管灯，办公室、更衣室等一般场所采用LED管灯，卫生间采用防潮型LED吸顶灯。

② 照度：检验场所工作面混合照明的最低照度不应低于500lx，加工场所工作面一般照明的最低照度不应低于200lx，推荐做300lx。

③ 室外照明：在道路两侧设置太阳能LED路灯，冷库发货口处设有LED回车场照明灯具。

4．闷顶与检修

食品加工车间的吊顶之上有很多管道、阀门和风机，占用了大量空间，并且需要日常巡视和维护。图3-26所示为吊顶之上的检修马道与各种管线的理想模型。在此模型中，供人行走的检修马道在车间中间，比较大的风道向两侧排布，各种管线布置在马道的上侧，当标高发生矛盾时，压力管道可以上弯，以保证人在管道下能通过。实际设计和建造中，闷顶高度应保证足够高，在去掉土建梁和各种管线叠加高度后，马道处至少有1.5m以上净高让人通行（图3-27）。

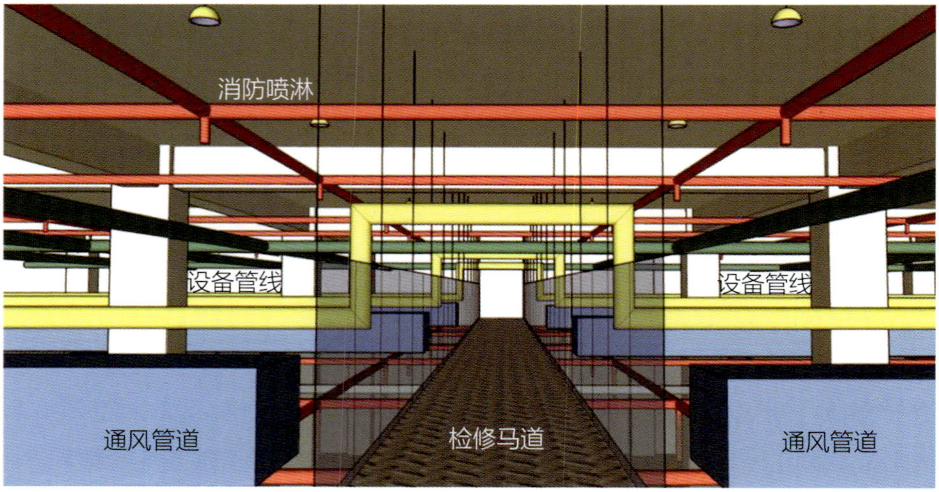

图 3-26　检修马道与各种管线图设计图

（1）闷顶管线　　（2）检修马道

图 3-27　某项目闷顶的管线及检修马道

（三）消防工程

消防工程在整个鲜切加工车间工程中占很大的一部分，随着消防规范越来越完善，消防工程的造价也越来越高。消防工程涉及建筑、结构、给排水、防排烟和电气五个部分，每个部分都必须执行现行的规范和标准。

1．建筑

建筑防火主要分为四个大的部分，即火灾危险性分类、防火分区、安全疏散和避难以及建筑防火构造。鲜切水果加工车间一般都会定性为丙二类，详见GB 50016—2014《建筑设计防火规范》。实际设计中，根据建筑层数选择防火分区的面积。当采用喷淋系统时，防火分区面积可以翻倍。车间和库房的防火分区面积不同，库房中冷库的占地面积和防火分区另外有规定，应注意分别划分。根据疏散距离设置疏散出口和楼梯，并注意根据人数确定疏散的净宽度。建筑构件主要是对耐火极限的规定，防火墙、柱、梁、楼板、屋顶承重构件、楼梯以及吊顶等的耐火极限应满足相应要求，具体可参见GB 50016—2014《建筑设计防火规范》中不同耐火等级厂房和仓库建筑构件的燃烧性能和耐火极限。

2．给排水

加工厂区同一时间火灾次数按一次计，消防用水量按最大一座建筑物计算。给排水消防主要内容包括消防水量、消防水源、室外消防系统和室内消防系统。

（1）消防用水量　鲜切加工车间建筑物耐火等级为二级，最大建筑物体积一般为车间。根据《消防给水及消火栓系统技术规范》选择计算方法，得出消防用水量及火灾延续时间。

（2）消防水源　根据消防用房用水量确定消防水池容积和消防泵的参数。一般来说，消防系统均采用临时高压给水系统，由消防水池、消防泵、消防水箱及增压稳压设备联合供水。平时由设置在厂区最高建筑屋面的消防水箱及增压稳压设备提供压力和水量，失火时切换到消防泵加压供水，提供各建筑单体室内外消防用水。

厂区设消防水池一座，储存消防用水；根据水池容积设置补水管，水池补满时间不超过48h。消防水池设消防车取水口。

厂区建消防泵房一座：内设消防泵二台（1用1备）；消防泵出水管装设试验检查用压力表和放水阀门，消防泵组设置自动巡检系统。

（3）室外消防系统　室外消火栓系统与室内消火栓系统给水管网合用，采用临时高压给水系统。管径DN250mm，管网环状布置，埋地敷设。

室外消火栓间距不大于120m，保护半径不大于150m，距道路边不大于2.0m，距建筑物外墙不小于5.0m。采用地下式消火栓，并设有明显标示。管网用阀门分成若干独立段，每段内室外消火栓数量不超过5个。

（4）室内消防系统　各建筑单体，如车间、宿舍、食堂等室内均采用独立消防给水管道。

室内消火栓管网为水平或垂直布置成环，室内消防给水管道采用阀门分为若干独立段。保证检修管道时关闭的竖管不超过1根。阀门保持常开，并有明显的启闭标志。室内消火栓的布置保证有两支水枪的充实水柱同时到达室内任何部位。水枪的充实水柱不应小于13m。

每个消火栓箱内均配置DN65mm消火栓一个，DN65mm，L25m麻质衬胶水带一条，DN65mm × 19mm直流水枪一支，指示灯，自救消防卷盘一套。

（5）移动式灭火器材　各单体按规范设置手提式或推车式磷酸铵盐干粉灭火器。

3．防排烟

当车间建筑面积超过300m^2，小于500m^2，层高超过6m，且满足自然排烟要求时，在房间顶板上设置可开启的自然排烟窗，且有效开窗面积及自然排烟窗口处的风速满足要求，不设置排烟补风系统。当车间建筑面积均超过300m^2，且不满足自然排烟的要求，需要采用机械排烟系统。房间净高均不大于6.0m时，每个防烟分区的排烟量按照每平方米60m^3/h计算，且取值不小于15000m^3/h。当系统负担多个防烟分区时，排烟量按同一防火分区中任意两个相邻防烟分区的排烟量之和的最大值计算。车间内长度大于40m的疏散走道不满足自然排烟要求时，均设置机械排烟系统。

公共建筑内，建筑面积大于100m^{2}且经常有人停留的房间；建筑面积大于300m^{2}且可燃物较多的房间；长度大于20m的疏散走道；上述区域无自然排烟条件的，设置机械排烟系统，无自然补风条件的房间设置机械补风系统，补风量不小于排烟量的50%。

车库排烟和补风系统按防烟分区设置，排烟/排风量按GB 50067—2014《汽车库、修车库、停车场设计防火规范》要求设计。

空调系统风管在穿越防火分区、进出机房及与竖风道连接的横支管处，均设置与风机连锁的70℃防火阀。

排烟风机采用钢制离心风机或者排烟专用混流风机，排烟风机应能在280℃的环境条件下连续工作不小于30min。排烟风机应与风机入口处的排烟防火阀连锁，当该阀关闭时，排烟风机应能停止运转。

4．电气

鲜切加工厂应设计火灾自动报警系统。火灾自动报警系统包含自动报警系统、消防联动控制系统、火灾应急广播系统、消防专用电话系统、消防系统接地、漏电火灾监控系统、消防电源监控系统、防火门监控系统。

（1）火灾报警系统

① 感烟探测器的设置：车间内潮湿场所采用吸气式感烟探测器，生活区、加工车间更衣换鞋区、配电间及各机房等一系列场所，均设置点型感烟探测器。

② 火灾报警按钮、声光报警器、消火栓按钮的设置：在车间各场所均设置手动报警按钮（带消防对讲电话插口）及声光报警器，使工作人员在建筑物内任一处距离最近报警按钮、声光报警器不超过30m。此外，每台消火栓箱内均设置消火栓按钮。

（2）消防联动控制系统　消防中控室内设置联动控制台，其控制方式分为自动/手动控制、手动硬线直接控制。通过联动控制台，可实现对消火栓系统、防排烟系统、防火卷帘门、火灾应急广播等的监视及控制。火灾发生时可手动/自动切断空调、通风机及其他非消防电源。

（3）电气火灾监控系统　在变配电间装设电气火灾监控装置，设置剩余电流监测器，显示报警地址并保存记录。电气火灾监控系统报警信息和故障信息应在消防控制室图形显示装置上显示，应与火灾报警信息的显示有区别。

（4）消防电源监控系统　消防电源监控系统由监控器（主机）、中继器、传感器（监控模块）和传输缆线组成。通过检测消防设备电源的电流、电压值和开关状态等状态，监测各消防用电设备的供电电源和备用电源的工作状态和欠压报警信息，消防应急照明和疏散指示系统的故障状态和应急工作状态信息，并进行报警和记录。

（5）防火门监控系统　防火门监控系统是对车间疏散通路上的防火门上设置监控模块，监控防火门开启，闭合状态，传至设在消防控制室的防火门监控主机上。

（6）系统接地　消防系统接地利用建筑物综合接地装置作为其接地极，设独立引下线。要求综合接地电阻不大于1Ω。消防控制室地面须铺设防静电（防火）型地板，架空高度为300mm。火灾自动报警系统应设专用接地干线，并应在消防控制室设置专用接地板。专用接地干线应从消防控制室专用接地板引至接地体。

（7）应急照明系统　在加工车间、楼梯间、走廊主要出入口等场所设置智能疏散指示照明系统，保证疏散通道的地面最低水平照度不应低于1.0lx；人员密集场所内的地面最低水平照度不应低于3.0lx；楼梯间内的地面最低水平照度不应低于10.0lx。在有火灾自动报警系统联动功能的区域疏散指示照明灯具均采用集中型蓄电池供电，其持续供电时间不低于180min。智能疏散照明系统主机设在消防控制室内。系统可实现与火灾自动报警系统的联动。另外，推荐加工车间设置备用照明。备用照明照度值按不低于正常照明照度值设置的10%设置，采用应急电源（EPS）供电，持续供电时间不小于90min。

（四）洁净区要求

1. 洁净等级及洁净度

对于即食鲜切水果产品，为进一步控制微生物生长，需将预处理和切分加工间，内包装间设计成洁净区。根据GB 50687—2011《食品工业洁净用房建筑技术规范》要求，鲜切加工洁净区等级要求见表3-3；洁净区微生物的最低要求见表3-4；洁净用房的悬浮微粒最低要求见表3-5。鲜切加工车间的洁净等级Ⅰ级的洁净度相当于洁净度5级。

表3-3　鲜切加工车间洁净区域等级

洁净用房等级	生产加工阶段
Ⅱ级背景下的Ⅰ级	清洗后的预处理 切分、修正 内包装
Ⅱ级	原料的清洗、分拣
Ⅲ级	直接接触产品的包装材料、器具的最终清洗、装配或包装、灭菌
Ⅳ级	食品原料的预处理

表 3-4　洁净区微生物的最低要求

<table>
<tr><th rowspan="3">洁净用房等级</th><th colspan="2" rowspan="2">空气浮游菌/（CFU/m³）</th><th colspan="2" rowspan="2">空气沉降菌/（φ90mm）</th><th colspan="3">表面微生物（动态）</th></tr>
<tr><th colspan="2">接触皿（φ55mm）（CFU/皿）</th><th rowspan="2">五指手套/（CFU/手套）</th></tr>
<tr><th>静态</th><th>动态</th><th>静态/（CFU/30min）</th><th>动态/（CFU/4h）</th><th>与食品接触表面</th><th>建筑内表面</th></tr>
<tr><td>Ⅰ级</td><td>5</td><td>10</td><td>0.2</td><td>3.2</td><td>2</td><td rowspan="4">不得有霉菌斑</td><td><2</td></tr>
<tr><td>Ⅱ级</td><td>50</td><td>100</td><td>1.5</td><td>24</td><td>10</td><td>5</td></tr>
<tr><td>Ⅲ级</td><td>150</td><td>300</td><td>4</td><td>64</td><td>不做规定</td><td>不做规定</td></tr>
<tr><td>Ⅳ级</td><td>500</td><td>不做规定</td><td>不做规定</td><td>不做规定</td><td>不做规定</td><td>不做规定</td></tr>
</table>

注：静态指净化设备正常运行，其他工艺设备关闭；动态指净化设备和其他工艺设备均处于运行状态。下同。

表 3-5　各级洁净等级的悬浮微粒要求

洁净用房等级	悬浮微粒最大允许数/（粒/m³）			
	静态	动态	静态	动态
	≥0.5μm	≥5μm	≥0.5μm	≥5μm
Ⅰ级	3520	29	35200	293
Ⅱ级	352000	2930	3520000	29300
Ⅲ级	3520000	29300	—	—
Ⅳ级	35200000	293000	—	—

在进行洁净用房的平面布局时应充分考虑人流、物流的安排，尽力做到短捷、流畅。车间内部的物流、人流通道应分开，并在人员及物流进出的缓冲处、净化对非净化区，应设置连锁装置，以提醒操作人员注意是否关门，以免引起交叉污染，影响洁净度。洁净用房设计中应注意以下几个指标：洁净度、细菌浓度、温度、湿度、风量、压差、噪声和照度。

2．压差及其他要求

当温度0～5℃，洁净间气流组织采用四周加围挡壁的局部垂直单向流。不同等级的洁净间以及洁净区与非洁净区之间的压差应不小于5Pa，洁净区与室外的压差应大于10Pa。内包装间的噪声级（静态）不大于65dB（A）。

洁净用房的构造处理和材料选择应按不同的洁净度等级、结构形式和室内建筑设计的要求进行（表3-6）。除满足保温、隔热、隔音、防震、防火等一般要求外，关键是要保证其气密性和建筑材料表面不发尘、不滞留微粒、不积尘、耐酸碱和易清扫的要求。所有的构造设计要求力求简洁，尽量减少凹凸和不必要的装饰。

表 3-6　洁净用房装修装饰要求一览表

使用部位		要求项目						
		发尘性	耐磨性	耐水性	防腐	防霉性	气密性	压缝条
吊顶	板材	不产尘，无裂痕	—	可擦洗	是	耐潮湿、霉变	板缝平齐、密封	平直，缝隙不大于0.5mm
隔墙	板材	不产尘，无裂痕	—	可耐清洗	是	耐潮湿、霉变	板缝平齐、密封	平直，缝隙不大于0.5mm
地面	卷材	不虚铺、缝隙对齐	耐磨	耐清洗	是	耐潮湿、霉变	缝隙密封、不虚焊	缝隙焊接牢固，平滑
	聚氨酯沙浆	不起砂密实，光滑	耐磨	耐清洗	是	耐潮湿、霉变	—	—

第四章

鲜切水果贮存中的质量问题

一、褐变

（一）褐变的概念及产生原因

褐变（browning）是指水果在鲜切加工或贮藏过程中，果肉色泽出现褐色或黑褐色的现象，容易发生褐变的水果主要包括苹果、梨、菠萝、杧果、火龙果等（图4-1）。褐变主要分为酶促褐变和非酶促褐变，鲜切水果褐变主要是酶促

（1）苹果　（2）菠萝　（3）杧果　（4）火龙果

图 4-1　几种常见水果的褐变

褐变。酶促褐变是限制鲜切水果货架期的主要因素，是影响其商品价值和食用品质的重要指标。

鲜切水果的酶促褐变是多种因素共同作用的结果。但酶促褐变中必不可少的三大要素是酚类底物、氧化酶类和氧气。关于酶促褐变的机理主要有三种假说，分别是酚-酚酶的区域性分布假说、自由基伤害假说、保护酶系统假说。目前主要以酚-酚酶的区域性分布假说为主流，在正常的植物组织中，多酚类物质常常分布在液泡内，相关的酶类物质则分布在细胞质内或者各种质体内，这一区域性的分布现象使底物和酶不能进行接触，因此避免了酶促褐变现象的发生。但是当果实经过鲜切加工后，细胞膜的结构有所变化或被破坏后，酶与底物发生接触，酚类物质被氧化成醌，醌再进一步反应，最终形成黑褐色物质，从而引起褐变现象的发生。多数水果褐变是由多酚氧化酶（PPO）引起的酶促褐变，一些水果像西瓜、厚皮甜瓜或柑橘类水果褐变主要是受过氧化物酶（POD）活性影响。

（二）褐变的控制措施

1．原料控制

不同种类鲜切水果褐变程度不同，同一类别不同品种褐变程度也不同。因此加工前首先要对原料进行筛选，尽可能选择不褐变或褐变程度较轻的产品进行加工，也一定程度上降低了物料消耗成本。例如苹果，富士苹果褐变程度要轻于其他品种（图4-2），且质地较脆不易软化；即使进行护色处理，所消耗的护色剂要少于其他易褐变品种，做鲜切加工首选富士品种。

富士　嘎啦　澳洲青苹　花牛

图 4-2　不同品种苹果褐变情况对比（8℃条件下放置 3h）

2．加工护色处理

采用护色剂（又称褐变抑制剂）是控制鲜切水果褐变的常用方法。在GB 2760—2014《食品安全国家标准 食品添加剂使用标准》中抗坏血酸及抗坏血酸钙可以用作常用的护色剂，在部分文献中柠檬酸及其钠盐、钾盐、半胱氨酸等也可以用作护色剂。这些护色剂单独使用即可有效抑制褐变，复合处理防褐变效果更加显著。也有研究表明螯合剂中的乙二胺四乙酸（EDTA）、植酸、L-精氨酸、4-己基间苯二酚等也能控制褐变。

3．包装方式

通过采用充气包装、气调包装或涂膜处理可减少包装环境氧气的浓度，抑制生理代谢过程，从而延缓褐变的发生。常用的涂膜材料有多糖类、淀粉类、复合类，如壳聚糖、淀粉、葡甘露聚糖等。

二、软化

（一）软化的概念及产生原因

果实软化（softening）是一个复杂的生理过程，主要是指果肉硬度、脆度下降，同时还会伴随着果胶酶活力，果胶酯化度、分子质量及种类构成等发生变化。软化是果实成熟衰老进程的主要表征，影响果实品质控制的主要问题。同样，软化是所有鲜切水果贮藏过程中均面临的严重问题，直接影响货架期。容易发生软化的水果主要包括猕猴桃、火龙果、草莓、菠萝、甜瓜等。果肉的软硬度一般用硬度大小表示，鲜切水果贮藏过程中果肉硬度会逐渐降低（图4-3），因此硬度也可作为鲜切水果质量评价的重要指标。

研究认为，导致鲜切果品软化的原因：一是果品受到伤害后，乙烯大量释放，促进了果实的成熟软化进程；二是由于酶类降解了细胞壁中的果胶成分。果胶甲酯酶（PME）和聚半乳糖醛酸酶（PG）等酶在水果软化方面起到非常重要的作用。果胶甲酯酶使果胶脱甲酯，产生甲醇和较低甲基化程度的果胶。它可以被乳糖醛酸酶分解，破坏α-1,4糖苷键，导致细胞壁降解；除此之外，淀粉酶也是影响果品软化的一个重要因素。

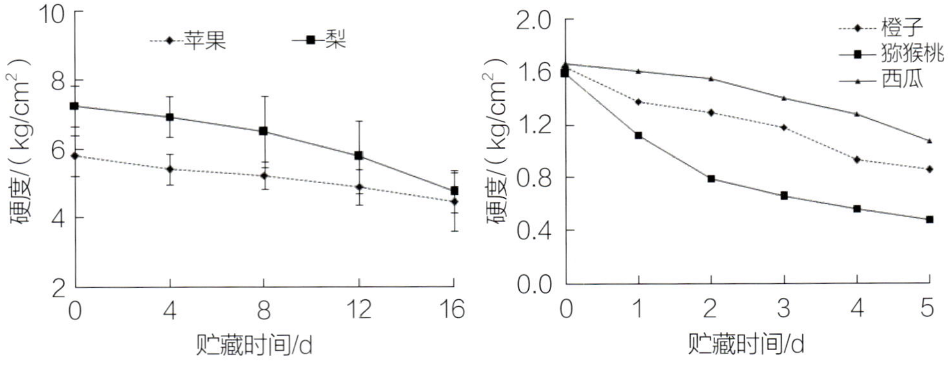

（1）苹果和梨　　（2）橙子、猕猴桃和西瓜

图 4-3　不同鲜切水果软化情况

（二）软化的控制措施

采用钙盐处理是控制果肉软化的有效措施，常用的钙盐有氯化钙、乳酸钙、丙酸钙以及葡萄糖酸钙等（图4-4）。研究表明，采用钙处理可保持细胞中纤维束，增强细胞间链接。使用时氯化钙应注意控制用量，用量过多会导致产品出现苦味。此外，采用低温冷藏、1-甲基环丙烯（1-MCP）处理、气调保鲜、涂膜处理或生物技术等方法也可延缓果肉软化。

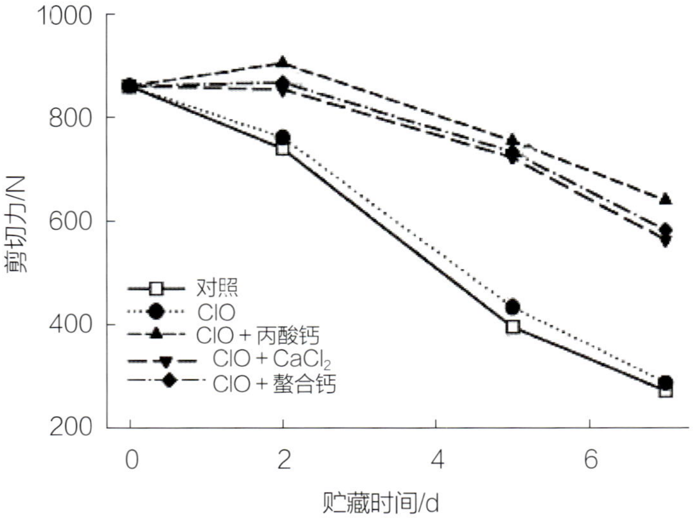

图 4-4　钙处理对鲜切水果软化控制的效果

三、半透明

（一）半透明的概念及产生原因

半透明（translucency）是指果肉组织的透光性增强，表现出玻璃化透明的现象。容易发生半透明症状的水果主要包括梨、西甜瓜、猕猴桃及木瓜等水果（图4–5）。

组织发生半透明症状主要是由于组织衰老或低温冷害所致。组织正常衰老过程中，组织细胞发生代谢性死亡，导致细胞器结构的解体。冷害导致细胞膜组分和结构发生变化，细胞膜渗透性增加，细胞内容物渗出到细胞间隙。此外，鲜切加工会诱导伤乙烯的释放，进而加速成熟和衰老的进程。

（二）半透明的控制措施

控制鲜切产品半透明化现象的发生可从控制原料的成熟度着手，保持切割刀具的锋利程度，尽可能保持低温加工和全程冷链，采用适宜的气调包装技术（MAP）。

（1）哈密瓜　（2）西瓜　（3）猕猴桃

图 4–5　几种鲜切水果的组织半透明现象

（1）西瓜　（2）菠萝

图 4–6　鲜切水果流汁现象

四、流汁

（一）流汁的概念及产生原因

流汁（leakage）是指鲜切水果贮藏期间果肉内部汁液渗出，通常呈现于包装底部。流汁主要是由于切割导致果肉细胞破损，而组织细胞无法愈伤，细胞内部汁液失去保护屏障而流失。另外，随着衰老代谢的进行，细胞壁或膜组分发生降解，导致组织液渗出。比较容易发生汁液流失的鲜切水果种类有西瓜、菠萝、甜瓜及杧果等（图4-6）。

（二）流汁的控制措施

控制果肉组织流汁可考虑几个方面，首先选择适宜原材料品种，尽可能使用锋利的切分工具，切分后采取一些组织修复处理技术（如钙或涂膜处理），选择适宜的保鲜技术。

五、失水

（一）失水的概念及产生原因

失水（water lose）是指水果鲜切加工后因蒸腾作用脱水而引起结构、质地和表观的变化。鲜切产品失水后，失重率增大，组织萎蔫，口感、脆度、颜色和风味都受到影响，进而导致产品商品价值和经济价值下降（图4-7）。容易发生失水的水果主要包括苹果、猕猴桃、水蜜桃、草莓等。

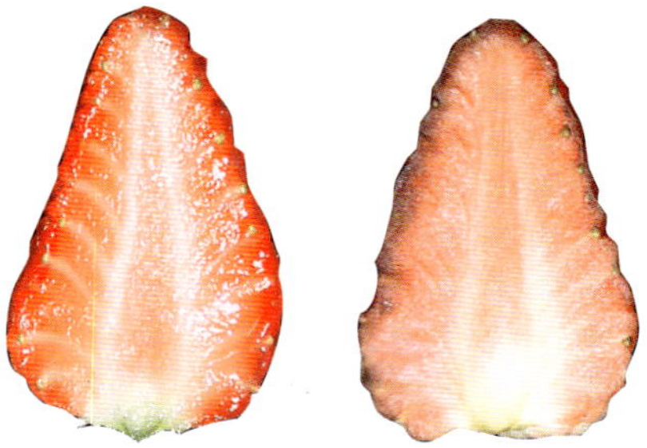

（1）失水前　（2）失水后

图 4-7　鲜切草莓失水前后对比

鲜切果品失水主要由于切割后组织内部暴露在外，导致细胞膨压和脆性丧失。此外，果蔬组织结构受到损伤，膜的完整性被破坏，也使得细胞的渗透性物质渗入到非原质体空间，导致水分活度和膨压减少，加速了其蒸腾作用。另外也受到产品的表面积比、果品种类、品种和成熟度等自身因素以及温度、湿度等环境因素的影响。

（二）失水的控制措施

由于鲜切水果通常采用袋式或盒式包装，因此需要增加包装膜或袋的阻湿性能。采用可食性涂膜处理会显著保持鲜切产品的水分损失。此外，控制贮藏温度的稳定性，避免出现较大波动，以防呼吸代谢升高、产品失水。

六、异味

（一）异味的概念及产生原因

异味（off-flavour，off-odour）是指鲜切水果贮藏过程中产生的非正常味道，如酒精味、腐败味等。

当采用气调包装时，鲜切水果异味的产生主要是由于包装环境氧气浓度太低或二氧化碳浓度太高所致。包装内氧气不足，使果肉组织进入无氧呼吸状态，生成大量乙醇，导致产生酒精味；此外一些次生代谢产物如挥发性醛类、酯类、肽等会产生其他异味。当采用普通包装时，异味可能主要由于加工处理过程温度波动或水果自身衰老所致。

（二）异味的控制措施

控制鲜切产品异味的产生首先要确保贮藏温度始终处于低温，避免出现温度较大波动，此外采用适宜的气调包装，确保产品不会出现无氧呼吸。

七、组织崩溃

（一）组织崩溃的概念及产生原因

组织崩溃（tissue disintegration）是指鲜切水果的果肉组织结构在外界条件作用下发生了破坏，造成细胞壁、细胞膜等失去支撑作用，导致坍塌的一种现象。组织崩溃现象的产生同时也伴随着品质劣变的发生，是鲜切水果新鲜度的重要指征，容易发生组织崩溃的水果种类主要有西瓜、甜瓜、猕猴桃及火龙果等（图4–8）。

（1）西瓜　　（2）猕猴桃

图 4-8　鲜切西瓜、猕猴桃的组织崩溃

水果在鲜切加工后，随着衰老进程的加速，果肉组织质构特性发生变化、硬度下降，细胞间隙和骨架支撑物质发生降解，果肉细胞中游离水及其营养物质外溢，造成细胞骨架坍塌，组织崩溃，使鲜切水果品质劣变，失去商品价值。

（二）组织崩溃的控制措施

鲜切水果的组织崩溃问题通常通过选择原料品种，控制原料成熟度，改进切割方式和应用保鲜技术等方式来解决。

八、腐烂

（一）腐烂的概念及产生原因

腐烂（decay）是指由于细菌、酵母菌、霉菌等微生物侵染和繁殖而引起的鲜切水果组织、形态、风味、营养等被破坏的现象（图4-9）。由于鲜切水果是

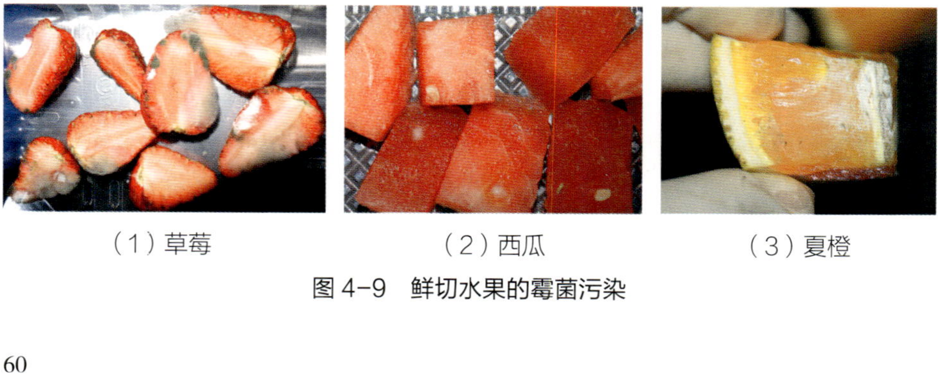

（1）草莓　　（2）西瓜　　（3）夏橙

图 4-9　鲜切水果的霉菌污染

直接食用，因此货架贮藏期间绝不允许出现腐烂症状。

微生物污染可能涉及整个鲜切加工物流链的各个环节，鲜切原料、加工环境、设备器具、包装等。控制微生物污染是鲜切产品加工的工作重点，直接关系到产品的质量安全和食用风险。

（二）腐烂的控制措施

控制微生物污染需要做好各个环节的杀菌消毒工作。在鲜切果蔬产业中使用最广泛的消毒杀菌剂是氯制剂，包括氯气、次氯酸钠、次氯酸钙、二氧化氯等。有研究发现二氧化氯作为消毒剂可代替传统的次氯酸钠，具有相同的杀菌消毒效果，主要应用于鲜切原料的清洗过程。鲜切产品经氯制剂处理后必须进一步进行漂洗处理，以去除残留氯。生产中使用氯制剂杀菌一定要注意调节杀菌液的pH，pH的高低直接决定了杀菌剂的杀菌效率。次氯酸钠杀菌液的氧化还原电位值会随着溶液pH升高而降低，二氧化氯同样如此（图4–10），一般将溶液的pH范围控制在6.5～7.5可满足其杀菌效能。

臭氧是已知可利用的强氧化剂之一，使用臭氧后在产品表面不会有化学残留，可作为杀菌剂应用于鲜切产品的杀菌保鲜。臭氧的应用主要有两种形式，即气态臭氧和臭氧水。气态臭氧可用于加工车间和包装的消毒，臭氧水可用于鲜切产品、器具及产品接触面的消毒。使用气态臭氧处理后，待环境臭氧浓度低于0.1mg/m^{3}时，操作人员方可进入加工区域（GB/T 18202—2000《室内空气中臭氧卫生标准》）。

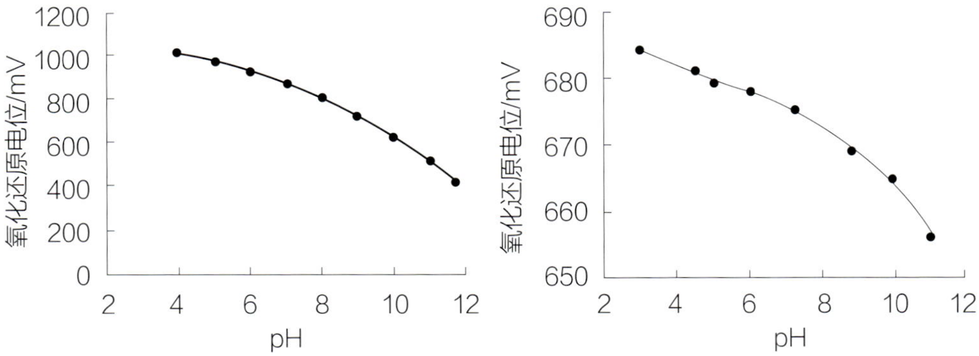

（1）200mg/kg NaClO　　（2）10mg/L ClO_2

图4–10 不同pH条件下不同消毒杀菌剂的氧化还原电位值

各杀菌剂的使用方法见表4-1。

表 4-1　常用的杀菌剂种类

名称	应用浓度	应用时间/min	适用范围
次氯酸钠	100 ~ 200mg/kg	5 ~ 10	原料或产品表面
二氧化氯	5 ~ 10mg/kg	5 ~ 10	原料或产品表面
臭氧气体	30mg/L	30	环境或包装
臭氧水	1 ~ 4mg/L	5 ~ 10	原料或产品表面

第五章

鲜切水果质量评价方法

鲜切水果质量评价主要对鲜切产品的卫生安全性、品质可接受性以及内含物营养性进行科学评价的过程，主要包括安全性评价、感官品质评价以及营养功效评价。鲜切水果质量评价是建立产品质量标准体系、货架期品质和营养性表征技术、保障质量安全的重要措施。

一、质量安全性评价

“民以食为天，食以安为先”，保障食用安全性是鲜切产品加工过程的第一要务。在遵守《中华人民共和国食品安全法》的前提下，质量安全性评价主要是针对加工环境、用水、器具、包装和原料，鲜切产品的污染物和农药残留限量、致病菌限量、食品添加剂限量等方面安全性进行评估。质量安全性评价首先就是要遵循国家相关法律、法规及标准文件，确保其处于安全、可食的条件下，给消费者提供消费可信度信息。

（一）鲜切水果相关质量安全标准

食品安全标准是对食品中各种影响消费者健康的危害因素进行控制的技术法规。《中华人民共和国食品安全法》规定了食品安全标准的范围，并对其定性为“强制执行的标准”，且“除食品安全标准外，不得制定其他食品强制性标准”。食品生产经营者首先应当保证自己生产经营的食品是按照法律的要求，采用安全的原料、规范的生产工艺、有序的生产过程管理，且未涉及任何法律禁止的生产经营行为；在此基础上，才可以用食品安全标准判断是否安全、适于食用。符合法律法规要求是保障食品安全的第一道门槛，食品安全标准是保障食品安全的第二道门槛。食品安全国家标准分为通用标准、产品标准、生产经营规范、检验方法与规程四类。

尽管我国的鲜切水果产业发展较晚，但近些年我国已建立了相关的法律、法规及标准等文件，为构建完善的鲜切产品质量安全体系提供了支撑。鲜切产品质量安全主要涉及的文件如表5-1所示，各生产企业在从事鲜切产品加工活动时均需参照执行。

表 5-1　鲜切果蔬加工安全性相关标准

文件名称
《中华人民共和国食品安全法》
《食品生产许可审查通则》
《即食鲜切蔬果生产许可审查细则（2014版）》（北京）
《即食蔬果生产许可审查细则》（上海）
《冷链即食食品生产审查实施细则（2015版）》（北京）
GB 31652《食品安全国家标准　即食鲜切果蔬加工卫生规范》
GB 2760《食品安全国家标准　食品添加剂使用标准》
GB 2762《食品安全国家标准　食品中污染物限量》
GB 2763《食品安全国家标准　食品中农药最大残留限量》
GB 14881《食品安全国家标准　食品生产通用卫生规范》
GB 14930.1《食品安全国家标准　洗涤剂》
GB 14930.2《食品安全国家标准　消毒剂》

续表

文件名称
GB 29921《食品安全国家标准　食品中致病菌限量》
GB 31621《食品安全国家标准　食品经营过程卫生规范》
GB 31641《食品安全国家标准　航空食品卫生规范》
SN/T 3063.2《航空食品　第2部分　生食（切）水果蔬菜制品微生物污染控制规范》
SB/T 10583《净菜加工和配送技术要求》
NY/T 1529《鲜切蔬菜加工技术规范》
NY/T 1987《鲜切蔬菜》
香港标准：Guidelines for Microbial Content in Food-general Ready Food and Specified Food

同样，其他很多国家早已建立了针对鲜切产品质量安全的相关法律法规，如表5-2所示。

表 5-2　国外鲜切果蔬加工安全性相关标准

法律法规名称
CAC/RCP: Code of Hygienic Practice for Fresh Fruits and Vegetables
CFIA: Food Safety Practices Guidance for Ready-to-eat fresh-cut Vegetable Manufacturers
FAO: Processing of Fresh-cut Tropical Fruits and Vegetables a Technical Guide FAO
US-FDA: Control of *Listeria monocytogenes* in Ready-to-eat foods: Guidance for Industry
US-FDA: Guidance for Industry: Guide to Minimize Microbial Food Safety Hazards of Fresh-cut Leafy Greens
USDA: Methods to Reduce Eliminate Pathogens from Fresh and Fresh-cut Produce
EC-No 2073/2005: Microbiological Criteria for Food Stuffs
AUS-NSW/FA/CP028/0906: Microbiological Quality Guide for Ready-to Eat Foods
Food Standards Australia New Zealand: Guidelines for the Microbiological Examination of Ready-to-eat Foods

（二）主要标准解读

国家标准近年来不断更新与整合，为便于使用现行有效的最新版本，标示了标准的年号。

1．GB 14881—2013《食品安全国家标准　食品生产通用卫生规范》

该标准于2014年6月1日起实施，适用于各类食品的生产，适用范围限定在食品生产环节。标准在内容上强调了食品安全生产的过程管理，体现了“预防为主”的食品安全管理原则，明确了食品生产的最基本条件和卫生要求，成为我国食品生产企业从事食品生产的最低门槛。标准实施改变了我国长期以来重检验、轻过程的食品安全管理方式，从根本上推动了食品安全整体水平的提高。标准规定了选址和厂区环境、厂房和车间、设施与设备、卫生管理、食品原料、食品添加剂和食品相关产品、生产过程的食品安全控制、检验、食品的贮存和运输、产品召回管理、培训、管理制度和人员、记录和文件管理等方面的食品安全要求。标准附录中《食品加工过程的微生物监控程序指南》，是针对食品生产过程中较难控制的微生物污染因素，向食品生产企业提供了指导性较强的监控程序建立指南。食品生产企业可以根据食品产品的特性和生产工艺技术水平等因素，制定适用于本企业的微生物监控程序，通过过程管理确保食品安全。标准要求重视食品生产经营过程管理，而不仅仅依赖对终产品的检验，因为只有在生产过程中严格遵守卫生操作规范，才能生产出安全的食品。

2．GB 2763—2019《食品安全国家标准　食品中农药最大残留限量》

该标准于2020年2月15日起实施，标准共制定了483种农药7107项最大残留限量，涉及水果的农药残留限量1954项，是目前我国统一规定食品中农药最大残留限量的强制性国家标准。作为鲜切水果农药残留属于带入性的，重点在源头控制上，只要采购合格的果品，生产出的产品就是合格的，不在鲜切生产过程中产生。评价产品农药残留是否超标可查询食典通（http://www.sdtdata.com/fx/fcv1/tsLibIndex）指标数据库数据，该数据库以产品为单元改造了GB 2763，查询更便利。

3．GB 29921—2013《食品安全国家标准　食品中致病菌限量》

该标准于2014年7月1日实施，属于通用标准，适用于预包装、即食性的果蔬食品，标准适用的致病菌指标涵盖沙门菌、单核细胞增生李斯特菌、大肠埃希菌O157：H7、金黄色葡萄球菌、副溶血性弧菌五种。鲜切水果属于即食水果制品，涉及沙门菌、金黄色葡萄球菌、大肠埃希菌O157：H7三种。致病菌是引起食源性疾病的重要原因，据统计，我国每年由食品中致病菌引起的食源性疾病报告病例数占全部报告的40% ~50%。控制食品中致病菌污染，预防致病微生物食源性疾病是食品安全风险管理的重点内容。

沙门菌是全球包括我国细菌性食物中毒的主要致病菌，按照二级采样方案对所有11类食品设置沙门菌限量规定，具体为n=5、c=0、m=0（即在被检的5份样品中，不允许任一样品检出沙门菌）。

金黄色葡萄球菌是我国细菌性食物中毒的主要致病菌之一，其致病力与该菌产生的金黄色葡萄球菌肠毒素有关，按三级采样方案设置即食果蔬制品金黄色葡萄球菌限量，具体为n=5、c=1、m=100CFU/g（mL）、M=1000CFU/g（mL）。

大肠埃希菌O157：H7，在美国、日本等相关国家曾发生蔬菜引起的大肠埃希菌O157：H7食源性疾病，我国为降低消费者健康风险，结合风险监测和风险评估情况，按二级采样方案设置生食果蔬制品中大肠埃希菌O157：H7限量规定，具体为n=5、c=0、m=0（即在被检的5份样品中，不允许任一样品检出大肠埃希菌O157：H7）。

即将颁布的新版GB 29921中预计将会增加单核细胞增生李斯特菌检测项目，规定不得检出。

4．GB 2762—2017《食品安全国家标准　食品中污染物限量》

该标准于2017年9月17日实施。标准所规定的污染物是指除农药残留、兽药残留、生物毒素和放射性物质以外的污染物。标准规定了食品中铅、镉、汞、砷、锡、镍、铬、亚硝酸盐及硝酸盐等13项限量指标。涉及鲜切水果的为铅和镉，限量标准分别为1.0mg/kg和0.05mg/kg。

5．GB 2760—2014《食品安全国家标准　食品添加剂使用标准》

该标准于2015年5月24日实施。标准规定了食品添加剂的使用原则、允许使用的食品添加剂品种、使用范围及最大使用量或残留量。食品生产者应严格按照标准规定的食品添加剂品种、使用范围、使用量使用食品添加剂。鲜切水果中使用的食品添加剂主要为抗坏血酸及抗坏血酸的盐类、柠檬酸、钙盐等。作为抗氧化剂，抗坏血酸最大使用量为5.0g/kg，抗坏血酸钙为1.0g/kg。此外在水果原料上可以使用一些防腐剂、被膜剂、抗氧化剂。作为防腐剂，稳定态二氧化氯最大使用量为0.01g/kg；乙氧基喹残留量≤1mg/kg；ε-聚赖氨酸盐酸盐最大使用量0.30g/kg；二氧化硫最大使用量以二氧化硫残留量计0.05g/kg；联苯醚最大使用量3.0g/kg（残留量≤12mg/kg）；肉桂醛残留量0.3mg/kg；山梨酸及其钾盐最大使用量0.5g/kg（以山梨酸计）；对羟基苯甲酸酯类及其钠盐，最大使用量0.012g/kg；2,4–二氯苯氧乙酸，最大使用量0.01g/kg（残留量≤2.0mg/kg）。作为被膜剂，巴西棕榈蜡，最大使用量0.0004g/kg（以残留量计）；聚二甲基硅氧烷及其乳液，最大使用量0.0009g/kg；松香季戊四醇酯，最大使用量0.09g/kg；紫胶柑橘类最大使用量为0.5g/kg、苹果为0.4g/kg。作为抗氧化剂，硫代二丙酸二月桂酯最大使用量为0.2g/kg。

6. GB 31621—2014《食品安全国家标准　食品经营过程卫生规范》

该标准于2015年5月24日实施。标准规定了食品采购、运输、验收、贮存、分装与包装、销售等经营过程中的食品安全要求。适用于各种类型的食品经营活动，包括鲜切水果。

7.《食品生产许可审查通则》

《食品生产许可审查通则》（以下简称《通则》）于2016年10月1日实施。《通则》明确了食品生产许可的申请人范围包括食品以及食品添加剂。针对同一企业生产不同类别食品，将统一审查基本要求，与“一企一证”原则实现有效衔接。

《通则》将生产许可审查划分为材料审查和现场核查两种方式。其中，对许可延续、生产食品品种变化、法人代表人事变更等，可以仅通过申请材料审查决定是否准予许可。对工艺流程、主要生产设备设施、食品类别发生变化的，必须进行现场核查。水果鲜切企业应依据食品生产许可审查要求申请许可证。

（三）安全评价方法

1. 加工车间的安全性评价

加工车间的安全性评价主要涉及加工环境、加工用水、加工设备和器具等，鲜切加工之前必须首先完成加工车间的安全性评价，合格方可进行后续加工。

加工环境评价主要是考察加工车间的洁净度、温度和湿度是否符合GB 14881—2013《食品安全国家标准　食品生产通用卫生规范》要求。通过检测加工车间内的空气浮游菌数量，确定加工车间的洁净程度；通过测量车间各区域的温度和湿度，确定环境控制系统是否正常工作。

加工用水评价主要是检测清洗、杀菌、漂洗、护色等过程用水的水质情况是否符合GB 5749—2006《生活饮用水卫生标准》的规定。加工用水若发现微生物不合格可采用臭氧进行处理。

加工设备除应符合GB 22747—2008《食品加工机械　基本概念　卫生要求》，还需对产品非接触面和接触面（如切割刀具）进行微生物合格性检测。通常可采用荧光检测仪快速检测加工设备的微生物情况，合格后方可进行加工生产。加工设备的消毒通常可采用碘类（GB/T 26368—2020《含碘消毒剂卫生标准》）或季铵化合物（GB/T 26369—2020《季铵盐类消毒剂卫生标准》），使用时注意溶液温度和pH。

2．原辅料和包装的安全性评价

原辅料和包装安全性评价是针对原料，加工所用洗涤剂、消毒剂、添加剂，接触性包装的质量安全性进行评价。

采购的原料应查验供货者的合格证明文件，是否符合GB 2763—2019《食品安全国家标准　食品中农药最大残留限量》和GB 2762—2017《食品安全国家标准　食品中污染物限量》的要求。洗涤剂应符合GB 14930.1—2015《食品安全国家标准　洗涤剂》规定；消毒剂应符合GB 14930.2—2012《食品安全国家标准　消毒剂》规定；食品添加剂应符合GB 2760—2014《食品安全国家标准　食品添加剂使用标准》规定。食品接触包装应符合GB 4806.1—2016《食品安全国家标准　食品接触材料及制品通用安全要求》、GB 4806.7—2016《食品安全国家标准　食品接触用塑料材料及制品》和GB 7718—2011《食品安全国家标准　预包装食品标签通则》。

3．产品的安全性评价

鲜切产品的安全性评价主要通过出厂检验和型式检验等过程实现。

（1）抽样　抽样是鲜切产品质量安全性评价的第一步。对于盒（袋）装产品应抽取完整未开封的样品，抽样数量应符合以下规定要求：

① 每日生产1000盒（袋）以上，按照生产前、中、后期取3件样品；

② 产品净含量在250g/盒（袋）以上，产量不足1000盒（袋）随机抽取1件样品；

③ 产品净含量在249～100g/盒（袋），产量不足1000盒（袋）随机抽取2件样品。

（2）出厂检验　出厂检验是每批产品出厂前，生产企业质量检验部门对生产的产品的部分技术要求指标进行的检验，经检验合格并签发合格证明后方可出厂。出厂检验主要依据企业自建的标准进行，也可参照国家或行业标准。检测的项目主要包括感官品质、净含量、菌落总数、致病菌、污染物、农药残留、营养成分、包装标识等。但企业并不需对全部指标进行检验，可选择其中部分指标作为出厂检验指标。

鲜切水果品质优劣最直接的表现是感官性状。感官检验就是凭借检验人员的眼看、鼻闻、口尝、手触对其色、香、味和外观形态进行综合性的鉴别和评价。视觉检验应在白昼的散射光线下，观察整体的外观、大小、形态、块形的完整程度、清洁程度、颜色的明度、色调和饱和度。嗅觉检验产品的气味是否正常，有无异味，鉴别顺序应当是先检验气味淡的，后鉴别气味浓的，以免影响嗅觉的灵敏度。味觉检验能尝到水果滋味及轻微的滋味变化，由于味觉神经在舌面的分布并不均匀，应通过舌的全面品尝做出判断，不同味道的水果评价时应当按照刺激性由弱到强的顺序进行，每检验一种后必须用温水漱口，以减弱前后干扰。触觉检验是通过检验软硬来评价品质优劣。

其他各指标限量及检测参考标准如表5-3所示。

表 5-3　检测指标参考标准

检测项目	参考标准
净含量	JJF 1070《定量包装商品净含量计量检验规则》
菌落总数	GB 4789.2《食品安全国家标准　食品微生物学检验　菌落总数测定》
致病菌	GB 29921《食品安全国家标准　食品中致病菌限量》 GB 4789.4《食品安全国家标准　食品微生物学检验　沙门菌检验》 GB 4789.10《食品安全国家标准　食品微生物学检验　金黄色葡萄球菌检验》 GB 4789.36《食品安全国家标准　食品微生物学检验　大肠埃希菌O157：H7/NM检验》
污染物	GB 2762《食品安全国家标准　食品中污染物限量》
农药残留	GB 2763《食品安全国家标准　食品中农药最大残留限量》
真菌毒素	GB 2761《食品安全国家标准　食品中真菌毒素限量》
营养成分表	GB 28050《食品安全国家标准　预包装食品营养标签通则》
包装标识	GB/T 191《包装储运图示标志》

（3）型式检验　型式检验适用于对产品综合定型鉴定和评定企业所有产品质量是否全面地达到标准和设计要求的判定，所需样品数量由质量技术监督部门或检验机构确定，从生产单位的最终产品中随机抽取。

有下列情况之一时，应进行型式检验：

① 正常生产时，每半年进行一次；

② 长期（3个月以上）停产后恢复生产时；

③ 原料来源有较大变化时；

④ 改变设备、关键工艺时；

⑤ 出厂检验结果与上次型式检验结果差异较大时；

⑥ 国家食品安全监督机构提出要求时。

（4）判定规则　出厂检验项目全部合格判定为合格。对于型式检验，抽检样品有一项微生物指标不合格，则判定为该批产品不合格；除微生物指标外其他指标若出现1个项目不合格，则可自该批产品中抽取2倍样品进行复检，复检合格则判定为合格；若复检后仍有不合格项目，则判定为不合格。

（四）鲜切水果的质量控制

1．危害分析与关键控制点（HACCP）管理体系简介

食品危害是指供人类消费时引起损伤或致病的生物、化学和物理危害。全程质量控制是指通过借鉴危害分析与关键控制点（HACCP）、良好操作规程（GMP）、卫生标准操作程序（SSOP）以及ISO 9000族系标准的经验，将其应用于食品生产的全过程，从而达到保证和提高产品的安全性和质量的目的。HACCP是20世纪60年代由美国承担开发宇航食品的皮尔斯伯利公司提出，并被美国食品与药物管理局（FDA）采用。此后，欧盟、加拿大、日本等发达国家相继出台了实施HACCP的法规或指令，而我国从20世纪90年代开始试行推广。国际标准化组织（ISO）于2005年9月颁布了ISO 22000，即《食品安全管理体系食品链中任一组织的要求》。该标准已经在我国转化为GB/T 22000—2006《食品安全管理体系食品链中各类组织的要求》，并于2006年7月起实施。ISO 22000标准内容整合了HACCP、GMP、SSOP和ISO 9000，使之成为一个国际间通用的统一标准。ISO 22000的使用范围覆盖了食物链全过程，即种植、养殖、初级加工、生产制造、分销，一直到消费者使用，其中也包括餐饮。另外，与食品生产密切相关的行业也可以采用这个标准建立食品安全管理体系，如杀虫剂、兽药、食品添加剂、储运、食品设备、食品清洁服务、食品包装材料等。

HACCP体系是建立在GMP和 SSOP基础之上的安全预防控制体系，它是一种简便、合理而专业性又很强的、先进的食品安全质量控制体系，是一个真正的逻辑性控制与评价系统，有利于防止不安全食品引起的疾病，提供有利于健康和安全的食品，提高消费者的满意度。该体系的设计为保证食品生产过程中任何可能出现的危害或者有危害危险的地方得到控制，以防止危害公众健康的事件发生。

该体系强调通过对产品生产过程中的每一个有危害风险点的控制，使产品的质量和安全达到预期的要求，而不是通过传统的仅凭借终端产品的检测方式来保证产品的质量和安全，由于具有全面性、预防性和高效性等特点，且还具有较高的经济效益和社会效益，因而在国际上公认为控制由食品引起疾病的最具经济效益的方法，并就此获得联合国粮农组织（FAO）和世界卫生组织（WHO）以及食品法典委员会（CAC）的认同。

目前，关于食品生产中关键控制点的类型主要包括两种：一是关键危害点（CCP），主要是控制产品的安全性；二是质量关键控制点（MCP），主要是控制产品的质量稳定性。关于鲜切水果加工过程中关键危害点（CCP）的选定主要通过HACCP判断树来确定（图5-1），而质量关键控制点（MCP）主要通过对影响产品质量的因素进行检测来确定。鲜切水果的加工生产可能存在的危害包括生物

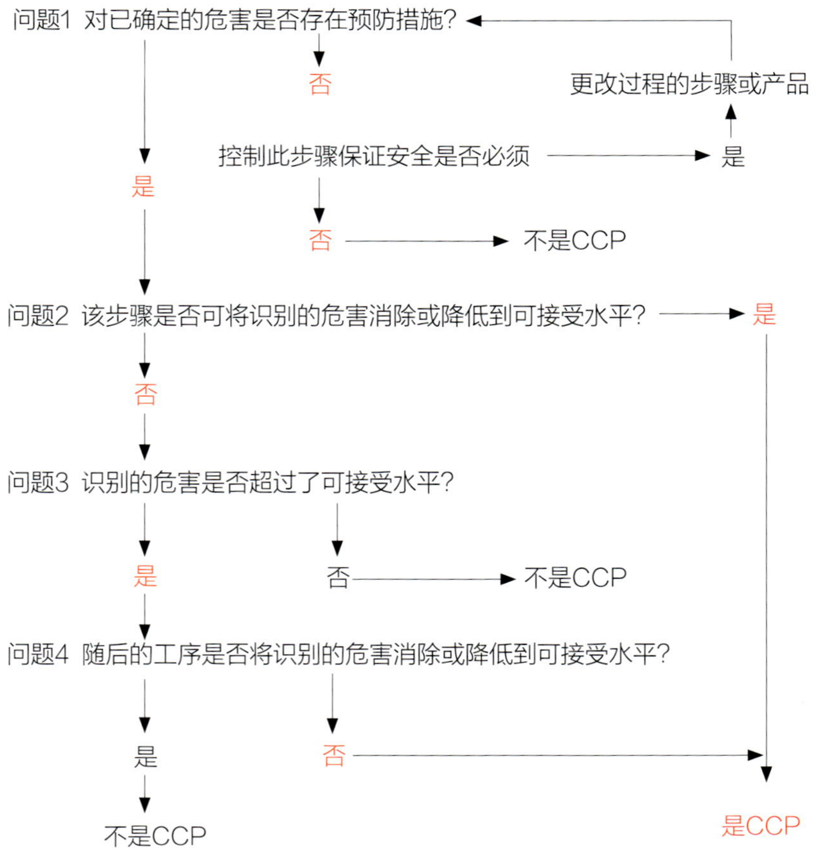

图 5-1　鲜切水果加工中关键危害点（CCP）判断树图

（致病菌、微生物超标等）、化学（农药残留、重金属）、物理（泥土、金属或玻璃碎片等），首先由HACCP判断树分析判断其关键危害点（CCP），同时通过感官评定以及检验测试产品的质量关键控制点（MCP）。在鲜切水果生产过程中，首先考虑的是生物危害，如鲜切水果的致病菌以及微生物数量等，同时鲜切水果的风味、色泽等影响产品质量的因素均是消费者能否接受的前提条件，因此，鲜切产品的安全及其质量都是控制鲜切产品质量时须综合考虑的因素。

2．鲜切水果危害分析工作单

根据鲜切水果加工的危害分析和预防控制措施的研究以及对鲜切水果加工过程关键控制点的判定，其结果如表5-4所示。

表 5-4　鲜切水果危害分析工作单

加工工序		本工序引入或增加的潜在危害	潜在危害是否显著? Y/N	判断依据	显著危害的预防措施	该工序是不是关键危害点（CCP）? Y/N
原料验收	鲜果	B：致病菌 C：农药残留、重金属等 P：无	Y	生长过程中感染了致病菌，农药喷洒超标	查看供货商的合格证明，拒收无合格证明的原料	Y
	辅料	B：致病菌残存 C：无 P：无	Y	配料不合格	查看供货商的合格证明，拒收无合格证明的原料	
挑选		B：致病菌 C：无 P：无	Y	挑选工作人员带入致病菌	通过SSOP控制	N
清洗		B：细菌性病原体污染 C：无 P：泥土等污物	Y	水果表面微生物及泥土较多	反复清洗	N
杀菌		B：致病菌 C：无 P：无	Y	杀菌方式、时间不当以及设备故障	控制杀菌方式、时间及定期对设备检查	Y
漂洗		B：无 C：无 P：无				

续表

加工工序	本工序引入或增加的潜在危害	潜在危害是否显著? Y/N	判断依据	显著危害的预防措施	该工序是不是关键危害点(CCP)? Y/N
沥干	B：无 C：无 P：无				
预处理	B：微生物含量超标 C：无 P：无	Y	去皮去核刀具洁净度不够	通过SSOP控制	N
切分	B：微生物含量超标 C：无 P：无	Y	切分刀具洁净度不够	通过SSOP控制	N
护色	B：无 C：无 P：无				
沥干	B：无 C：无 P：无				
包装	B：无 C：无 P：无	Y	设备故障	设备定期检查、产品监测	N
探测	B：无 C：无 P：金属，异物等杂物	Y	设备故障	检测设备不定期矫正	Y
入库贮藏	B：微生物含量超标 C：无 P：无	Y	贮藏过程中温度不合适导致微生物含量超标	控制贮藏的环境温度	Y
运输销售	B：微生物含量超标 C：无 P：无	Y	运输过程中温度不合适导致微生物含量超标	控制运输及销售的温度	Y

注：B代表生物危害，C代表化学危害，P代表物理危害。

鲜切水果的加工过程中的关键点及其类型如表5-5所示。

表 5-5　鲜切水果加工过程中的关键点及其类型

操作环节	关键点类型	
原料验收	CCP_1	MCP_1
杀菌	CCP_2	MCP_2
护色		MCP_3
探测	CCP_3	
入库贮藏	CCP_4	MCP_4
运输销售	CCP_5	MCP_5

3．鲜切水果关键限制的确定

（1）原料验收　原料的验收包括水果的验收和辅料的验收。应审查供货方的有效资格，要求供货方提供能保障产品安全卫生的能力；制定原料验收要求和程序，必要时指定食品添加剂的控制措施。

（2）杀菌　原料应进行清洗杀菌处理，清洗用水应符合GB 5749—2006《生活饮用水卫生标准》规定。清洗用水中宜加入杀菌剂同时进行杀菌处理。采用氯制剂杀菌时，水中有效氯质量浓度≤200mg/L。采用臭氧杀菌时，水中臭氧质量浓度≤2.0mg/L。

（3）检测　不同种类的鲜切水果为防止包装盒内有异物等杂物，保证鲜切水果的质量，包装好的产品需进行金属或异物检测，有异物产品应剔除。金属检测可采用金属探测仪，异物检测可采用X射线检测仪。

（4）入库贮藏　将鲜切水果装箱后，必须放置在合适温度及湿度的环境中贮藏，保证鲜切水果各项指标不发生剧烈变化，产品贮藏环境温度应保持在1～5℃。

（5）运输销售　销售环境应清洁、无异味、无辐射、无额外热源等，且通风良好。销售环境应保持产品温度在1～5℃。

4．计划表的制定

确定鲜切产品的关键点、关键限值，需对关键限值进行监控，从而建立HACCP计划表如表5-6所示。

表 5-6　HACCP 计划表

CCP	显著危害	关键限值	监控				纠偏行动	验证	记录
			对象	方法	频率	人员			
原料验收	微生物、致病菌残活、棒曲霉素、农残	安全证明	安全证明	按国标检查确认	每批次	原料验收人员	拒收不合格原配料	每批审核记录、评估供应商的信誉	原辅料验收记录
杀菌（以臭氧为例）	微生物，营养成分损失	0.5 ~ 3.0mg/L，1 ~ 3min	浓度、时间	按国标检查确认	连续观察	杀菌操作人员	调整浓度与时间、隔离产品进行重新灭菌	采样进行微生物检测	杀菌记录
探测	金属或异物	安全证明	安全证明	按国标检查确认	连续观察	检测人员	调整设备、隔离产品进行重新检测	每批审核记录	审核记录
入库贮藏	微生物，营养成分损失	1 ~ 5°C	温度	温度计	连续观察	装箱贮藏操作人员	调整库温，对产品进行重新评估	采样进行微生物检测	入库贮藏温度记录
运输销售	微生物，营养成分损失	1 ~ 5°C	温度	温度计	连续观察	装箱贮藏操作人员	调整运输销售温度，对产品进行重新评估	采样进行微生物检测	运输销售温度记录

二、感官品质评价

鲜切水果的感官评价是凭借人本身的感觉器官（眼睛、鼻腔、口腔、耳朵、皮肤等）对产品的色、香、味、形、质地等方面进行全面的评定和描述，获得客观真实的分项数据，并在此基础上利用数理统计的手段，得出感官品质的综合性分值，以此来判定其食用可接受性和食用愉悦感。感官品质的评价也可为鲜切产品的货架期预测提供依据。

（一）感官品质评价方法

目前产品感官品质评价方法可分为两大类：分析型方法和情态型方法。具体包括成对比较法、模糊评判法、评分检验法、定量描述分析法、描述谱分析等不同感官评估方法。

感官评价指标不仅体现对产品享受性和可食用性的要求，而且还综合反映对产品安全性的要求。与产品的理化指标和卫生指标相比，感官指标如外形、色泽、滋味、气味、均匀性等往往是描述和判断产品质量最直观的指标。科学合理的感官指标可以反映该食品的特征品质和质量要求，直接影响到食品品质的界定和食品质量与安全的控制。

鲜切水果感官评价是连接产品和消费者之间的桥梁，能帮助生产者洞察消费者心理行为、购买行为、产品需求及对产品感官属性的评价，并在产品开发、生产、销售过程中起着重要的指导意义。目前国内鲜切水果感官评价领域有一定的研究进展，成功建立了很多科学的感官评价方法，但仍需投入大量工作去不断完善感官评价体系，以便更进一步地促进行业发展，提高行业竞争力。

（二）感官品质评价指标及等级描述

通过综合运用模糊评判法、评分检验法、定量描述分析法，界定鲜切水果感官品质特征的多个感官指标。不同水果的感官指标主要涉及特性、特征、描述词（术语）、强度等，然后选择或建立一些相关术语或描述词加以描述，用适合的感官特性评价标度差异，最后考察消费者对某类鲜切水果的外观、质地、滋味、气味四个方面感官特性的偏好程度，再进行统计分析加以确定，详细描述如表5-7所示。总体上从四个方面对鲜切产品的品质进行主观描述，并结合表5-8给出每个项目的客观分值。

表 5-7 鲜切产品感官品质评价指标

项目	感官质量描述
外观	果肉或果皮表面颜色程度（褐变、白化、黄化等）、组织变化（透明状、水浸状、凸起/凹陷等）、斑点/块、汁液流失、腐烂程度等
质地	果肉组织的软硬、弹性程度、适口性、咀嚼度等
滋味	果肉的食用感受甜度、酸度、汁液丰富度、味觉刺激性等
气味	产品的香气、异味、腐臭味等

表 5-8 鲜切水果定量描述分析

分数	品质等级	感官品质特性
9	优质（Excellent）	无任何品质劣变的症状表现
7	好（Good）	轻微的品质劣变发生，不明显
5	一般（Fair）	品质劣变明显，但不严重，最低销售极限
3	差（Poor）	品质劣变严重，使用受限，不可销售
1	极差（Extremely poor）	品质劣变非常严重，异味，腐烂，不可用

注：品质劣变包括果肉或果皮褐变、组织软化、表面水浸状及组织崩溃等。

（三）不同鲜切水果感官品质描述

为了定量化表示鲜切水果的感官品质等级，可采用如表5-8所示的9分值方法进行各指标定量化分值计算。由于各水果感官特性不同，因此需要制定每种水果的感官品质描述表。

1．苹果（*Malus domestica*）

苹果属于典型的呼吸跃变型水果，对乙烯敏感且乙烯释放量很高。苹果是目前最主要的鲜切加工产品之一。不同品种苹果，鲜切加工后的感官品质略有不同，容易软化、粉质化的品种（如Royal Gala）不适宜进行鲜切加工，宜选择富士、粉红女士等。鲜切苹果容易褐变，故而表面或表皮部位颜色和褐变程度将是外观评价的重点。鲜切苹果感官指标及特征描述详见表5-9，各指标对应定量描述参见表5-10。

表 5-9　鲜切苹果感官品质指标及特征描述

项目	感官品质描述
外观	苹果果肉表面颜色、褐变程度、腐烂程度等
质地	苹果果肉组织的软硬、韧性、脆度、适口性、咀嚼度等
滋味	苹果果肉的食用感受甜度、酸度、汁液丰富度、味觉刺激性等
气味	产品的香气、异味、腐臭味等

表 5-10　鲜切苹果感官品质定量描述

分数	质量等级	感官品质描述
9	优质（Excellent）	果肉色泽白而亮、无褐变，边缘整齐，均匀 果肉质地硬，咀嚼无韧性感、脆感强 甜酸适中，无涩味，汁液丰富，味蕾刺激性明显 香气浓郁、无异味
7	好（Good）	果肉亮度降低，轻微褐变，边缘较整齐，较均匀 质地较硬，脆感较强 酸甜适中，无涩味，汁液较丰富，味蕾刺激性不明显 香气浓郁、无异味
5	一般（Fair）	表面颜色变黄，果肉亮度降低，边缘部位出现轻微褐变 硬度降低、脆感不强 甜度一般、酸度一般 气味变淡，可食用
3	差（Poor）	表面褐变增多，光泽度差，出现皱缩 果肉软化，咀嚼度差、无脆感 甜度下降，酸度下降，甜酸失调 无香气，轻微异味，不适宜食用
1	极差（Extremely poor）	表面褐变严重、有腐败斑点，皱缩严重，边缘凹凸 果肉绵软 无香气，异味重 不适宜品尝，不可食用

2．梨（*Pyrus*）

梨属于呼吸跃变型水果，对乙烯敏感且乙烯释放量较高。白梨和砂梨系列品种比较适宜进行鲜切加工，但砂梨系列不适宜进行漂洗处理；秋子梨和西洋梨品种由于成熟度不易控制，不适宜进行鲜切加工。鲜切梨感官指标及特征描述详见表5-11，各指标对应定量描述参见表5-12。

表 5-11 鲜切梨感官品质指标及特征描述

项目	感官品质描述
外观	梨果肉表面褐变程度、透明状、失水、腐烂程度等
质地	梨果肉组织的软硬、适口性等
滋味	梨果肉的食用感受甜度、酸度、汁液丰富度等
气味	产品的香气、异味、腐臭味等

表 5-12 鲜切梨感官品质定量描述分析

分数	质量等级	感官品质描述
9	优质（Excellent）	表面颜色白而亮 质地硬，口感脆 甜度高，汁液丰富 梨香味浓
7	好（Good）	出现轻微透明状 质地较硬，口感较脆 甜度较高，汁液丰富 气味变淡，无异味
5	一般（Fair）	表面出现轻微褐变、光泽变暗 质地开始变软 甜度下降，汁液少 香气淡，无异味，可食用
3	差（Poor）	颜色发黄，褐变重，有失水 质地软，口感较差； 甜度低，汁液很少； 香气淡，无异味，不适宜食用
1	极差（Extremely poor）	表面褐变增多 质地软 酸味重，几乎无汁液 有异味，不可食用

3．厚皮甜瓜（*Cucumis melo*）

厚皮甜瓜属于呼吸跃变型水果，对乙烯敏感且乙烯释放量高。厚皮甜瓜主要包括哈密瓜、伽师瓜、白兰瓜等需要去皮食用的甜瓜品种，薄皮甜瓜由于果肉较软、多汁且容易软化，不适宜进行鲜切加工。鲜切甜瓜感官指标及特征描述详见表5-13，各指标对应定量描述见表5-14。

表 5-13　鲜切厚皮甜瓜感官品质指标及特征描述

感官指标	特征描述
外观	果肉表面颜色、组织透明状、水浸状程度、汁液流失、腐烂程度等
质地	果肉组织的软、硬、适口性、咀嚼度等
滋味	果肉的食用感受甜度、汁液丰富度等
气味	产品的香气、异味、腐臭味等

表 5-14　鲜切厚皮甜瓜感官品质定量描述分析

分数	质量等级	感官品质描述
9	优质（Excellent）	表面色泽好，无半透明状组织，无汁液流失 质地较硬，咀嚼度好 甜度高、汁液丰富 香味浓郁
7	好（Good）	表面色泽较好，出现半透明状组织，无明显汁液流失 质地较硬，咀嚼度较好 甜度降低、汁液较丰富 香味变淡
5	一般（Fair）	表面出现部分半透明状组织，出现汁液流失 质地变软 甜度下降，汁液减少 气味淡，可食用
3	差（Poor）	表面透明化加深、亮度变暗、颜色加深 质地绵软 甜度低，汁液少 无香气，不适宜食用
1	极差（Extremely poor）	表面完全透明化 质地软烂 酸度高 出现异味、不可食用

4．猕猴桃（*Actinidia*）

猕猴桃属于呼吸跃变型水果，对乙烯敏感，乙烯释放量中等。目前鲜食猕猴桃主要包括美味猕猴桃、中华猕猴桃和软枣猕猴桃。果肉软化和透明化是鲜切猕猴桃贮存过程中面临的主要品质劣变问题。原料成熟度的选择对于加工和品质保持非常重要。鲜切猕猴桃感官指标及特征描述见表5-15，各指标对应定量描述见表5-16。

表 5-15　鲜切猕猴桃感官指标及特征描述

感官指标	特征描述
外观	猕猴桃果肉颜色变化、组织透明状程度、汁液流失、腐烂程度等
质地	猕猴桃果肉组织的软、硬、适口性等
滋味	猕猴桃果肉的食用感受甜度、酸度、汁液丰富度、味觉刺激性等
气味	产品的香气、异味、腐臭味等

表 5-16　鲜切猕猴桃感官品质定量描述分析

分数	质量等级	描述
9	优质（Excellent）	颜色墨绿、无褐变，有光泽 组织硬度大 口味酸，汁液多 芳香味浓，无异味
7	好（Good）	颜色墨绿、颜色加深、果心处出现透明状 组织较硬 口味酸度降低，甜度下降，汁液较多 芳香味较浓，无异味
5	一般（Fair）	颜色加深、果心处透明状加深、表面失水、无光泽 组织硬度一般 口味酸度一般，甜度一般，汁液一般 芳香味淡，无异味，可食用
3	差（Poor）	颜色浅绿色、褐变、果心处透明状严重、表面失水、无光泽 组织变软 口味甜度下降，果肉汁液量少 无芳香味，无异味，不适宜食用
1	极差（Extremely poor）	颜色浅绿色、边缘软化、褐变加深、果心处透明状严重、表面失水严重 组织软烂 品尝不适宜 出现异味，不可食用

5．西瓜（*Citrullus lanatus*）

西瓜属于非呼吸跃变型水果，对乙烯较敏感，但乙烯释放量低。鲜切西瓜贮存过程中主要问题是果肉组织颜色加深，易软化崩溃、汁液流失及组织透明化。鲜切西瓜品种一般适宜选用果形均匀、无籽、质地紧密且不易汁液渗出的品种，如麒麟。此外切割工具的选择对于鲜切西瓜的加工也尤为重要。鲜切西瓜感官指标及特征描述见表5-17，各指标对应定量描述见表5-18。

表 5-17　鲜切西瓜感官品质指标及特征描述

感官指标	特征描述
外观	西瓜果肉颜色程度（红、暗红等）、组织变化（透明状、半透明状等）、汁液流失、腐烂程度等
质地	西瓜果肉组织的软硬、适口性、咀嚼度等
滋味	西瓜果肉的甜度、汁液丰富度等
气味	西瓜的清香气、异味、腐臭味等

表 5-18　鲜切西瓜感官品质定量描述分析

分数	质量等级	感官品质描述
9	优质（Excellent）	颜色鲜亮、色红，无半透明状组织，无明显汁液流失 质地符合本品种特性，咀嚼感强 入口甘甜，汁液丰富 味道清香，无异味
7	好（Good）	颜色鲜红，亮度降低，无半透明状组织，轻微汁液流失 质地基本符合本品种特性，咀嚼感较强 入口较甜，汁液较丰富 味道清香，无异味
5	一般（Fair）	颜色发暗，亮度降低，出现半透明状组织，轻微汁液流失 质地发软，咀嚼感一般 入口甜度一般，汁液较丰富 轻微异味，可食用
3	差（Poor）	颜色暗红，出现半透明状组织，汁液流失较重 质地较软，组织性差 甜味降低，酸味加重 异味较重，不适宜食用

续表

分数	质量等级	感官品质描述
1	极差（Extremely poor）	颜色暗红，组织半透明状化加重，汁液流失严重 质地软化严重，组织性差 酸味严重 异味严重，不可食用

6. 菠萝（*Ananas comosus*）

菠萝属于非呼吸跃变型水果，对乙烯不敏感且乙烯释放量较低。鲜切菠萝所用品种选择需要考虑风味、损耗程度。产自台湾的凤梨加工损耗相对较低，更适宜鲜切加工。鲜切菠萝贮存过程中主要是褐变、组织透明化和汁液流失问题。鲜切菠萝感官指标及特征描述见表5-19，各指标对应定量描述见表5-20。

表 5-19　鲜切菠萝感官品质指标及特征描述

感官指标	特征描述
外观	菠萝果肉褐变程度、组织变化透明状、水浸状、褐色斑点/块、汁液流失、腐烂程度等
质地	菠萝果肉组织的软硬、适口性、咀嚼度、化渣度等
滋味	菠萝果肉的食用感受甜度、酸度、汁液丰富度、杀口性等
气味	产品的菠萝香气、异味、腐臭味等

表 5-20　鲜切菠萝感官品质定量描述分析

分数	质量等级	感官品质描述
9	优质（Excellent）	表面色黄而亮 质地硬、咀嚼度好 酸甜适口、汁液丰富、有杀口性 香气浓郁
7	好（Good）	表面色黄，较亮 质地较硬、化渣度低 酸甜较适口、汁液较丰富 香气变淡

续表

分数	质量等级	感官品质描述
5	一般（Fair）	表面轻微失水皱缩、颜色变黄 质地变软 酸甜度一般，汁液减少 香气较淡，可食用
3	差（Poor）	表面出现褐色斑点、组织出现透明状、水浸状 质地软、有凹陷 甜酸度低，汁液流失 香气淡，不适宜食用
1	极差（Extremely poor）	表面褐色斑点多、组织呈透明状、水浸状 质地软，凹陷严重 甜酸度低，汁液流失严重 香气淡，出现异味、不可食用

7．杧果（*Mangifera indica*）

杧果属于呼吸跃变型水果，对乙烯敏感，但乙烯释放量低，采后软化极其迅速。适宜成熟度的选择是鲜切加工的关键，此外原料自身的特性也尤为重要，选择核小、纤维少的品种更利于加工。鲜切杧果感官指标及特征描述见表5–21，各指标对应定量描述见表5–22。

表 5–21　鲜切杧果感官品质指标及特征描述

感官指标	特征描述
外观	杧果果肉褐变程度、组织水浸状变化程度、表面斑点、失水、腐烂程度等
质地	杧果果肉组织的软硬、弹性程度、咀嚼度等
滋味	果肉的食用感受甜度、酸度、汁液丰富度、纤维度等
气味	产品的香气、异味、腐臭味等

表 5–22　鲜切杧果感官品质定量描述分析

分数	质量等级	感官品质描述
9	优质（Excellent）	黄色，色泽鲜艳，均匀 入口柔嫩，咀嚼度好 酸甜适宜，汁多纤维少 香味浓厚，无任何涩味，异味

续表

分数	质量等级	感官品质描述
7	好（Good）	黄色，色泽一般，均匀 硬度较低，咀嚼度较好 略酸或略甜，无苦味、涩味，汁多，少量纤维 香味较淡
5	一般（Fair）	轻微褐变，色泽暗淡，表面轻微失水皱缩 硬度低，组织变软 略酸或略甜，汁液较少，纤维粗较多 香气一般，可食用
3	差（Poor）	表面出现褐色斑点；色泽暗沉，表面失水皱缩 组织绵软 酸甜失调，入口汁液少，纤维粗多 香气少，不适宜食用
1	极差（Extremely poor）	褐变加深，色泽暗，表面失水严重 表面变软、组织软烂 酸甜严重失调 出现异味、不可食用

8．柑橘（*Citrus sinensis, reticulate, limon, aurantifolia*）

柑橘类水果主要包括橙类、橘类、柚类、柠檬类、莱姆等，均属于非呼吸跃变型水果，果皮对乙烯敏感。柑橘的种类较多，加工特性也稍有差异，一般橙类、柚类及柠檬类多用于鲜切加工。机械化加工过程中应多注意去皮、切分刀具的维修保养。鲜切柑橘感官指标及特征描述见表5-23，各指标对应定量描述见表5-24。

表 5-23　鲜切柑橘感官品质指标及特征描述

感官指标	特征描述
外观	柑橘果肉或果皮表面颜色变化、表皮是否有斑点、汁液流失、腐烂程度等
质地	柑橘果肉组织的弹性程度、适口性、咀嚼度等
滋味	柑橘果肉的食用感受甜度、酸度、汁液丰富度、味觉刺激性等
气味	产品的香气、异味、乙醇味等

表 5-24 鲜切柑橘感官品质定量描述分析

分数	质量等级	感官品质描述
9	优质（Excellent）	颜色亮黄，无汁液流失 组织弹性好 酸甜适口，味浓、汁液丰富 香味浓郁
7	好（Good）	颜色淡黄，光泽降低，基本无汁液流失 组织弹性较好 酸甜适口，汁液较丰富 有香味
5	一般（Fair）	颜色变浅，少量汁液流失，轻微失水皱缩 组织弹性一般、口感降低 甜度下降，酸度上升 香味淡，可食用
3	差（Poor）	表面大量汁液流失，失水皱缩 组织弹性差、口感差 酸度大 气味淡，不适宜食用
1	极差（Extremely poor）	表面大量汁液流失，失水皱缩严重 组织变软、口感不适宜 酸度大 产生异味或乙醇味，不可食用

9．草莓（*Fragaria* × *ananassa*）

草莓属于非呼吸跃变型水果，对乙烯不敏感且乙烯释放量低。草莓切分加工后易软化、边缘褐变、切面白化。用于鲜切的草莓通常选择硬肉型红色品种，偏软的白草莓不适宜鲜切加工。鲜切草莓感官指标及特征描述见表5-25，各指标对应定量描述见表5-26。

表 5-25 鲜切草莓感官指标及特征描述

感官指标	特征描述
外观	草莓果肉或果皮表面颜色变化程度、皱缩程度、是否有水浸白斑，腐烂程度等
质地	草莓果肉组织的软、硬、弹性程度、适口性、咀嚼度等

续表

感官指标	特征描述
滋味	果肉的食用感受甜度、酸度等
气味	产品的香气、异味、腐臭味等

表 5-26　鲜切草莓感官品质定量描述分析

分数	质量等级	描述
9	优质（Excellent）	色泽鲜亮，红色 果肉紧实，咀嚼度好 甜度高 香味浓郁
7	好（Good）	色泽红，表面略皱缩 果肉较紧实，较适口 甜酸适中 香味变淡
5	一般（Fair）	色泽暗红，表面皱缩失水，种子突出 果肉变软 甜味下降 香味淡，可食用
3	差（Poor）	色暗，失水，出现水浸白斑 果肉疏松 甜味淡 基本无香味，不适宜食用
1	极差（Extremely poor）	水浸白斑，有霉变发生 果肉松散，边缘不完整 不宜品尝 有异味或腐败味，不可食用

10．火龙果（*Hylocereus undatus*）

火龙果属于非呼吸跃变型水果，对乙烯不敏感且乙烯释放量低。火龙果分为白肉、红肉和黄肉火龙果，果肉均容易软化，红肉型更容易褐变。鲜切火龙果感官指标及特征描述见表5-27，各指标对应定量描述见表5-28。

表 5-27　鲜切火龙果感官指标及特征描述

感官指标	特征描述
外观	火龙果果肉褐变程度、亮度变化、汁液流失、是否有斑点、腐烂程度等
质地	火龙果果肉组织的软硬、适口性、咀嚼度等
滋味	火龙果果肉的食用感受甜度、汁液丰富度等
气味	产品的香气、异味、腐臭味等

表 5-28　鲜切火龙果感官品质定量描述分析

分数	质量等级	描述
9	优质（Excellent）	果皮表面鲜艳，果肉白而色亮，无汁液流失 组织软硬适中，咀嚼性好 甜度较高，汁液丰富 有清香
7	好（Good）	果皮表面较鲜艳，果肉白，有一定光泽，无汁液流失 组织硬度略降低，咀嚼性较好 甜度降低，汁液较丰富 气味变淡
5	一般（Fair）	果皮和果肉表面颜色变暗，汁液流失 组织变软，咀嚼性一般 甜度一般，汁液不丰富 无异味，可食用
3	差（Poor）	果皮和果肉表面颜色暗，开始褐变，汁液流失较重，种子突出 组织软塌 甜度低 无异味，不适宜食用
1	极差（Extremely poor）	果皮和果肉表面颜色暗，褐化严重、汁液流失严重，种子突出，出现黄色斑点和霉变 组织软塌严重 不宜品尝 出现异味，不可食用

11．桃（*Prunus persica*）

桃属于呼吸跃变型水果，对乙烯敏感，乙烯释放量中等。品种选择对于鲜切桃加工至关重要，离核、硬质、不易褐变、不易软化是选择原则。贮存中鲜切桃感官指标及特征描述见表5-29，各指标对应定量描述见表5-30。

表 5-29　鲜切桃感官指标及特征描述

感官指标	特征描述
外观	桃果肉或果皮表面颜色变化程度、失水、腐烂程度、是否出现斑点等
质地	桃果肉组织的软硬、弹性程度、咀嚼度等
滋味	桃果肉的食用感受甜度、酸度、汁液丰富度等
气味	产品的香气、异味、腐臭味等

表 5-30　鲜切桃感官品质定量描述分析

分数	质量等级	描述
9	优质（Excellent）	表面色白、黄而亮、色泽均匀 组织硬、咀嚼性好 甜度高，水分足 有清香
7	好（Good）	表面颜色略发黄（白肉品种） 组织硬度降低、咀嚼性较好 甜度较高，汁液较丰富 有清香
5	一般（Fair）	表面颜色发黄，出现褐变、颜色变暗，出现黄色斑点 组织变软 甜度一般 气味较淡，可食用
3	差（Poor）	表面褐变加深，表面失水皱缩，出现大量黄色斑点 组织绵软 甜度低，酸度上升 气味淡，不适宜食用
1	极差（Extremely poor）	表面褐变严重、颜色暗而黄，表面失水皱缩严重，黄色斑点连成片 组织软塌 不宜品尝 出现异味，不可食用

12．樱桃（*Prunus avium*）

樱桃属于非呼吸跃变型水果，对乙烯不敏感且乙烯释放量低。樱桃用于即食加工主要选择红色硬肉品种，黄色软肉品种如佳红、红蜜不太适宜。由于樱桃果实较小，通常只去除果柄，不进行去核、切分等处理。鲜切樱桃感官指标及特征描述见表5-31，各指标对应定量描述见表5-32。

表 5-31　鲜切樱桃感官品质感官指标及特征描述

感官指标	特征描述
外观	樱桃果肉或果皮表面颜色变化、表面凹陷程度、腐烂程度等
质地	樱桃果肉组织的软硬、弹性程度、适口性、咀嚼度等
滋味	樱桃果肉的食用感受甜度、酸度、汁液丰富度等
气味	产品的香气、异味、腐臭味等

表 5-32　鲜切樱桃定量描述分析

分数	质量等级	描述
9	优质（Excellent）	颜色艳而亮、表面光滑 组织硬，弹性好，咀嚼度好 口感酸甜可口，汁液丰富 有清香
7	好（Good）	颜色变暗、表面较光滑 组织变硬，弹性变小 口感甜度较高，汁液较丰富 有清香
5	一般（Fair）	颜色变暗、出现轻微凹陷 硬度大，弹性差 甜度一般，汁液少 无异味，无香气，可食用
3	差（Poor）	颜色暗淡、无光泽，凹陷加深 硬度增大 甜度低，有苦涩味 无香气，不适宜食用
1	极差（Extremely poor）	颜色变暗、表面凹陷严重、出现霉斑或褐变斑 硬度大 苦涩味重，口感不适宜 出现异味，不可食用

13. 葡萄（*Vitis vinifera*）

葡萄属于非呼吸跃变型水果，对乙烯不敏感且乙烯释放量低。鲜切葡萄通常选用硬肉型品种，如红提类。葡萄去除果刷的部位最容易褐变，必要时可进行护色处理；中心部位容易出现组织透明化。鲜切葡萄感官指标及特征描述详见表5-33，各指标对应定量描述见表5-34。

表 5-33 鲜切葡萄感官指标及特征描述

感官指标	特征描述
外观	葡萄果肉或果皮表面颜色变化程度、组织凹陷、皱缩等程度、腐烂程度等
质地	葡萄果肉组织的软硬、弹性程度、适口性、咀嚼度等
滋味	葡萄果肉的食用感受甜度、酸度、汁液丰富度等
气味	产品的香气、异味、腐臭味等

表 5-34 鲜切葡萄感官品质定量描述分析

分数	质量等级	描述
9	优质（Excellent）	表面颜色鲜艳、颗粒饱满 组织弹性好，咀嚼度高 甜度高，汁液丰富 气味较浓、品质佳
7	好（Good）	表面颜色较鲜艳、颗粒饱满，果梗处有轻微褐变 组织弹性略降低，有一定的咀嚼度 甜度较高，汁液丰富、品尝适宜 有香气
5	一般（Fair）	表面颜色暗，果梗处有褐变 组织弹性差，咀嚼度一般 甜度降低 香气淡，可食用
3	差（Poor）	表面颜色暗，褐变严重 组织无弹性，果肉松散 甜度低 基本无香气，不适宜食用
1	极差（Extremely poor）	表面颜色暗，大面积褐变严重，出现凹陷 果肉组织松散，软烂 甜度低，品尝差 无香气或有异味，不可食用

14. 杏（*Prunus armeniaca*）

杏属于典型的呼吸跃变型水果，极易软化。用于鲜切的杏通常选用离核、硬质、黄肉品种，白肉品种容易褐变。此外，果肉组织还容易出现凝胶分解现象。鲜切杏感官指标及特征描述见表5-35，各指标对应定量描述见表5-36。

表 5-35　鲜切杏感官指标及特征描述

感官指标	特征描述
外观	杏果肉或果皮表面颜色褐变程度、果皮斑点状况、失水、腐烂程度等
质地	杏果肉组织的软硬、弹性程度、咀嚼度等
滋味	杏果肉的食用感受甜度、酸度、汁液丰富度等
气味	产品的香气、异味、腐臭味等

表 5-36　鲜切杏感官品质定量描述分析

分数	质量等级	描述
9	优质（Excellent）	果肉鲜亮，黄色 硬度大 味较酸、汁液多 无异味
7	好（Good）	果肉较鲜亮，黄色 硬度降低 酸度降低、甜度上升，汁液多 无异味
5	一般（Fair）	果心褐化 硬度低 甜度降低 无异味，可食用
3	差（Poor）	果心褐化加深，果皮出现皱缩 果肉较疏松，硬度低 甜度低，汁液少 无异味，不适宜食用
1	极差（Extremely poor）	果心褐化加深、果皮皱缩严重 果肉绵软，呈胶冻状 味淡、滋味差 有异味，不可食用

15．龙眼（*Dimocarpus longan*）

龙眼属于非呼吸跃变型水果，对乙烯不敏感且乙烯释放量极低。龙眼果实去皮、去核后果肉容易发生褐变。龙眼在鲜切加工中适宜作为混合搭配水果。鲜切龙眼感官指标及特征描述见表5–37，各指标对应定量描述见表5–38。

表 5–37 鲜切龙眼感官指标及特征描述

感官指标	特征描述
外观	龙眼果肉表面颜色程度（褐变、光泽等）、汁液流失、腐烂程度等
质地	果肉组织的软硬、弹性程度、咀嚼度等
滋味	果肉食用的酸甜感受、涩度、汁液丰富度、味觉刺激性等
气味	产品的香气、异味、腐臭味等

表 5–38 鲜切龙眼感官品质定量描述分析

分数	质量等级	描述
9	优质（Excellent）	表面晶莹剔透 硬度高，脆，咀嚼性好，口感佳 汁液丰富，浓甜 香味浓郁
7	好（Good）	表面晶莹剔透，略失去光泽 质地较硬，咀嚼性较好，口感好 汁液较足，味甜 香味较浓
5	一般（Fair）	透明度一般，轻褐变，表面失水皱缩 质地较软，弹性变差，咀嚼性一般 汁液减少，甜味降低 香味淡
3	差（Poor）	表面无光泽，失水皱缩较重，褐变较重 果肉软，质地较糟，咀嚼性较差 汁液少，甜味淡 香味无
1	极差（Extremely poor）	表面无光泽，褐变重，皱缩重 果肉软，质地糟 不可食用 不愉快气味

16．荔枝（*Litchi chinensis*）

荔枝属于非呼吸跃变型水果，对乙烯不敏感且乙烯释放量极低。荔枝经去皮、去梗后，果肉损伤部位极其容易褐变，去核较留核更严重。鲜切荔枝感官指标及特征描述见表5–39，各指标对应定量描述见表5–40。

表 5–39 鲜切荔枝感官指标及特征描述

感官指标	特征描述
外观	荔枝果肉或果皮表面颜色程度（褐变、黄化等）、表面斑点、汁液流失、腐烂程度等
质地	果肉组织的软硬、弹性程度、适口性、咀嚼度等
滋味	果肉的食用感受甜度、酸度、汁液丰富度、味觉刺激性等
气味	产品的香气、异味、腐臭味等

表 5–40 鲜切荔枝感官品质定量描述分析

分数	质量等级	描述
9	优质（Excellent）	表面晶莹剔透 质地紧硬，爽脆，弹性好 甜度高，浓甜，汁液丰富 香气浓郁
7	好（Good）	表面晶莹剔透，顶部轻度褐化 质地较紧硬，弹性较好 甜度高，清甜，汁液较丰富 香气变淡
5	一般（Fair）	表面光泽一般，顶部褐化 质地细软，弹性变差 甜度降低，汁液减少 香气淡，可食用
3	差（Poor）	表面无光泽，轻度失水、顶部褐化严重，皱缩 质地软，较粗糙，无弹性 甜度低，较酸，汁液少 无香气，不适宜食用
1	极差（Extremely poor）	表面无光泽，顶部褐化重、失水严重、皱缩严重 质地软；粗糙 甜度低 有酸味或乙醇味，不可食用

17. 蓝莓（*Vaccinium sect. Cyanococcus*）

蓝莓属于非呼吸跃变型水果，对乙烯不敏感且乙烯释放量较低。蓝莓经加工包装后主要会出现失水皱缩，组织凹陷以及生理性组织崩溃导致的汁液渗漏。鲜切蓝莓感官指标及特征描述见表5–41，各指标对应定量描述见表5–42。

表 5–41　鲜切蓝莓感官指标及特征描述

感官指标	特征描述
外观	蓝莓组织变化凹陷程度、皱缩、腐烂程度等
质地	蓝莓果肉组织的软硬、适口性、咀嚼度等
滋味	蓝莓果肉的食用感受甜度、酸度等
气味	产品的香气、异味、腐臭味等

表 5–42　鲜切蓝莓感官品质定量描述分析

分数	质量等级	描述
9	优质（Excellent）	表面深蓝色，有光泽，亮，颗粒饱满 组织较硬 酸甜适口 有清香
7	好（Good）	表面深蓝色，轻微凹陷，表面光泽略变暗 组织硬度下降 甜度下降 香气淡
5	一般（Fair）	表面颜色深，凹陷明显，变暗 组织较软 甜度一般 基本无香气，可食用
3	差（Poor）	表面凹陷严重，出现黑斑 果肉组织软烂 甜度低 无香气，不适宜食用
1	极差（Extremely poor）	表面凹陷非常严重，出现霉变处 组织软烂严重 不宜食用 出现异味和腐烂味，不可食用

18．牛油果（*Persea americana*）

牛油果属于呼吸跃变型水果，对乙烯敏感且乙烯释放量高。牛油果切分加工后容易出现褐变和水浸状。适宜成熟度的选择对鲜切后产品的品质保持和货架期非常重要。鲜切牛油果感官指标及特征描述见表5-43，各指标对应定量描述见表5-44。

表 5-43　鲜切牛油果感官指标及特征描述

感官指标	特征描述
外观	牛油果果肉或果皮表面褐变程度、斑点/块、腐烂程度等
质地	牛油果果肉组织的软硬、适口性、咀嚼度等
滋味	牛油果果肉的食用感受，细腻程度等
气味	产品的香气、异味、腐臭味等

表 5-44　鲜切牛油果感官品质定量描述分析

分数	质量等级	描述
9	优质（Excellent）	果肉黄绿色，有光泽，无褐变 组织软硬适中 口感细腻 有清香气
7	好（Good）	果肉有轻微褐变斑点 组织软硬适中 口感较细腻 香气变淡
5	一般（Fair）	果肉出现褐变条纹或斑点 组织硬度一般 口感细腻程度一般 轻微香气，可食用
3	差（Poor）	果肉褐变较严重 组织变硬，不均匀 口感较差，有硬块，不均匀 无香气，略有异味，不适宜食用
1	极差（Extremely poor）	果肉褐变严重 果肉硬，不均匀 有异味或腐烂味，不可食用

19．杨桃（*Averrhoa carambola*）

杨桃属于非呼吸跃变型水果，对乙烯不敏感，乙烯释放量极低。杨桃果实皮薄质脆、外形为棱状。经切分加工后边缘易损伤、褐变、失水皱缩，因此褐变程度是外观评价的重点。鲜切杨桃感官指标及特征描述见表5-45，各指标对应定量描述见表5-46。

表 5-45　鲜切杨桃感官指标及特征描述

感官指标	特征描述
外观	杨桃果肉或果皮表面褐变程度、汁液流失、皱缩程度等
质地	杨桃果肉组织的软硬、适口性、咀嚼度等
滋味	杨桃果肉的食用感受甜度、酸度、汁液丰富度等
气味	产品的香气、异味、腐臭味等

表 5-46　鲜切杨桃感官品质定量描述分析

分数	质量等级	描述
9	优质（Excellent）	果肉表面亮，边缘整齐，无褐变 组织质地硬、脆，咀嚼性好 口感清甜，汁液丰富 有清香
7	好（Good）	果肉表面略变暗，边缘较整齐，稍有褐变 组织较硬，咀嚼性好 口感较清甜，汁液较丰富 略有清香
5	一般（Fair）	果肉表面无光泽，边缘出现凹凸，褐变 组织变软，咀嚼性一般 甜度一般，汁液丰富度一般 香气淡，可食用
3	差（Poor）	果肉表面暗淡，边缘凹凸，褐变严重 组织变软 甜度下降，汁液流失较重 无香气，不适宜食用
1	极差（Extremely poor）	果肉表面暗，边缘凹凸不平，褐变严重 组织软 有异味，不可食用

20．菠萝蜜（*Artocarpus heterophyllus*）

菠萝蜜属于呼吸跃变型水果，对乙烯敏感。鲜切加工后果肉容易褐变、透明化并且出现异味。鲜切菠萝蜜感官指标及特征描述见表5-47，各指标对应定量描述见表5-48。

表 5-47　鲜切菠萝蜜感官指标及特征描述

感官指标	特征描述
外观	菠萝蜜果肉颜色变化程度、是否有黏液、腐烂程度等
质地	菠萝蜜果肉组织的软硬、弹性程度、适口性、咀嚼度等
滋味	菠萝蜜果肉的食用感受甜度等
气味	产品的香气、异味、腐臭味等

表 5-48　鲜切菠萝蜜感官品质定量描述分析

分数	质量等级	描述
9	优质（Excellent）	颜色呈黄色，有光泽，表面干燥 组织脆而硬，咀嚼性好 甜度高 香气浓郁
7	好（Good）	颜色呈黄色，微暗，表面干燥 组织硬度略下降，咀嚼性好 甜度较高 香气较浓郁
5	一般（Fair）	颜色呈黄色，失去光泽，表面较干燥 组织硬度下降，咀嚼性一般 甜度一般 香气变淡，可食用
3	差（Poor）	颜色呈深黄色，无光泽，表面略黏湿 组织变软，咀嚼性差 甜度下降 香气淡，不适宜食用
1	极差（Extremely poor）	颜色呈深黄色，长有黑斑、表面湿黏 果肉软烂 甜度低，有酸味 出现异味，不可食用

21．榴莲（*Durio zibethinus*）

榴莲属于呼吸跃变型水果，对乙烯敏感且乙烯释放量大。榴莲经去皮后，果肉组织极易软化、透明化。由于果肉组织细软，不适宜进行再切分，单房果肉单独包装为宜。鲜切榴莲感官指标及特征描述见表5-49，各指标对应定量描述见表5-50。

表 5-49　鲜切榴莲感官指标及特征描述

感官指标	特征描述
外观	榴莲果肉颜色变化、腐烂程度等
质地	榴莲果肉组织的软硬、弹性程度、适口性、咀嚼度等
滋味	榴莲果肉的食用感受甜度味觉刺激性等
气味	产品的独特气味、异味、腐臭味等

表 5-50　鲜切榴莲感官品质定量描述分析

分数	质量等级	描述
9	优质（Excellent）	果肉嫩黄而亮 组织有弹性、细腻、绵软 口感香甜 特有气味浓郁
7	好（Good）	果肉嫩黄，光泽略差 组织有弹性、细腻程度、绵软程度略降低 口感香甜 特有气味较浓郁
5	一般（Fair）	果肉色黄，光泽略差 组织弹性一般、果肉变软 口感甜度一般 特有气味变淡，可食用
3	差（Poor）	果肉色黄，无光泽 组织弹性一般、果肉软烂 口感甜度低，微苦 有轻微酒精气味，不适宜食用
1	极差（Extremely poor）	果肉色深黄，无光泽，表面皱缩 组织无弹性、果肉软烂、流汁 味苦 有浓烈的酒精气味和腐烂味道，不可食用

22．木瓜（*Carica papaya* L.）

木瓜属于呼吸跃变型水果，对乙烯作用敏感且乙烯释放量中等。经切片和去籽后极易发生软化和褐变等，因此品种选择和控制成熟度对于鲜切加工后感官品质保持非常重要。鲜切木瓜感官指标及特征描述见表5-51，各指标对应定量描述见表5-52。

表 5-51　鲜切木瓜感官指标及特征描述

感官指标	特征描述
外观	果肉表面颜色程度、褐变程度、组织变化、汁液流失、腐烂程度等
质地	果肉组织的软硬、适口性、咀嚼度等
滋味	果肉的食用感受甜度、酸度、汁液丰富度等
气味	产品的香气、异味、腐臭味等

表 5-52　鲜切木瓜感官品质定量描述分析

分数	质量等级	描述
9	优质（Excellent）	表面颜色橙黄，鲜艳，有光泽，汁液饱满 组织质地软硬适中，组织细腻 甜度高，汁液丰富 特有香气
7	好（Good）	表面颜色橙黄，较鲜艳，略有光泽 组织质地稍变软 甜度较高，汁液较丰富 香气变淡
5	一般（Fair）	表面颜色橘红，开始褐变，失去光泽，汁液少 组织质地软，边缘不整齐 甜度一般，汁液丰富度一般 香气淡，可食用
3	差（Poor）	表面褐变较严重，无光泽，稍有溢水 组织质地软烂，边缘不整齐，有塌陷 甜度低，酸味上升 无香气，略有异味，不适宜食用
1	极差（Extremely poor）	表面颜色发红变暗，有腐烂，溢水严重 组织质地软烂，部分组织崩溃 有酸味或腐败味，不可食用

23. 山竹（*Garcinia mangostana*）

山竹属于呼吸跃变型水果，对乙烯敏感且乙烯释放量较高。由于山竹果肉白色，加工后极易出现褐变和软化，感官品质劣变迅速，货架期极短。山竹果肉组织细嫩，特别容易发生机械伤导致汁液流失，去皮后不宜做分瓣处理，适宜整果包装。鲜切山竹感官指标及特征描述见表5-53，各指标对应定量描述见表5-54。

表 5-53　鲜切山竹感官指标及特征描述

感官指标	特征描述
外观	果肉表面颜色黄化程度、均匀程度、组织是否出现透明状、腐烂程度等
质地	果肉组织的软硬程度、适口性、咀嚼度等
滋味	果肉的食用感受甜度、酸度、汁液丰富度等
气味	产品的香气、异味、腐臭味等

表 5-54　鲜切山竹感官品质定量描述分析

分数	质量等级	描述
9	优质（Excellent）	表面颜色白而均匀，有光泽 组织质地软硬适中，口感嫩滑 甜酸适中，汁液丰富 清香气浓
7	好（Good）	表面颜色白，略有褐变，光泽较好 组织质地稍软 甜酸适中，汁液较丰富 清香气淡
5	一般（Fair）	表面颜色白而出现黄色斑点，褐变明显，轻微透明状 组织质地变软 甜度一般，略有汁液渗出 无香气，可食用
3	差（Poor）	表面局部凹陷、颜色发黄，褐变加重，无光泽，透明状较重 组织质地较软，流汁 甜酸比例严重失调，酸味上升 无香气，有酸败味，不适宜食用

续表

分数	质量等级	描述
1	极差（Extremely poor）	表面组织凹陷、颜色发黄或发黑；透明状严重 组织质地软烂，流汁严重 有酸败或霉变味，不可食用

24．李子（*Prunus salicina*）

李子属于呼吸跃变型水果，对乙烯敏感，乙烯释放量中等。从表皮颜色分，李子主要包括红李、黑李和青李。鲜切加工后，果肉红变是红李的主要问题，黑李和青李主要是褐变和组织透明化问题。三种李对乙烯敏感，鲜切加工后均容易软化，硬肉型品种适宜切分加工。鲜切李子感官指标及特征描述见表5–55，各指标对应定量描述见表5–56。

表 5–55　鲜切李子感官指标及特征描述

感官指标	特征描述
外观	果肉或果皮表面颜色程度、光泽度、汁液流失、腐烂程度等
质地	果肉组织的软硬、弹性程度、咀嚼度等
滋味	果肉的食用感受甜度、酸度、涩度、汁液丰富度、味觉刺激性等
气味	产品的香气、异味、腐臭味等

表 5–56　鲜切李子感官品质定量描述分析

分数	质量等级	描述
9	优质（Excellent）	果皮光亮，颜色鲜艳，果肉鲜亮，汁液无流失 果肉软硬适中，弹性好，咀嚼度高 甜酸适口，协调性好，汁液丰富 有李果特有清香气
7	好（Good）	果皮较光亮，颜色较鲜艳，果肉发黄或红，汁液稍有流失 果肉硬，弹性较好，咀嚼度高 甜酸较适口，汁液较丰富，有一定酸味刺激性 有李果清香气

续表

分数	质量等级	描述
5	一般（Fair）	果皮光亮度一般，颜色鲜艳度一般，果肉暗黄或深红，汁液有流失 果肉软，弹性一般，咀嚼度一般 甜酸失调，汁液少 香气变淡，可食用
3	差（Poor）	果皮失去光泽，颜色暗淡，果肉褐变 果肉绵软，失去弹性，咀嚼度差 甜味淡，酸味淡，汁液少 无香气，稍有异味，不适宜食用
1	极差（Extremely poor）	果皮颜色暗淡，表面粗糙，果肉暗黄，褐变严重 果肉软烂 强烈苦涩味道 异味重，有腐烂味或酸味，不可食用

鲜切水果的感官评价指标体系的建立还需要做大量的基础性研究。其中，食品营养指标、物性指标、电子舌指纹图谱等与其感官指标的相关性研究是非常重要的工作内容之一。相关性研究可以在一定程度上量化产品理化性质与其感官特性之间的关系，从而有利于更加准确地定义和评价鲜切水果的感官特性。

三、营养功效评价

营养指人体摄取食物后，在体内消化和吸收、利用其中的营养素，以维持生长发育、组织更新和处于健康状态的总过程。它是一种全面的生理过程，而不是专指某一种营养素。它是机体繁殖、生长发育和生存等一切生命活动和过程，需要从外界环境中摄取的物质。来自食物的营养素种类繁多，根据其化学性质和生理作用可将营养素分为六大类，即蛋白质、脂类、碳水化合物、矿物质、维生素和水。目前已知的有40～45种人体必需的营养素，且存在于各类食品中，它们在体内均有一定的生理功能，某种营养素过多或不足都会影响人体正常的新陈代谢而损害健康。果品的营养价值是指果品作为一种人体必需营养素提供者而产生的价值，它取决于果品中含有的人体必需营养素的种类及含量、相互间的比例关系以及对人体每日需求的满足程度。

鲜切水果的营养学评价一般是根据相应的目的和不同种类水果的具体性质，对其营养素的数量和质量进行评价，是对产品营养价值的一个综合分析，不但包括了营养素的“量”，而且包括其所存在营养素消化、吸收和转化结果，以及相互间的协同和拮抗作用如何等。目前，营养评价方法主要从鲜切水果营养成分含量和营养素的质量评价两方面对其进行评价。

（一）水果营养素构成

水果中的主要营养成分指的是水分、可溶性糖、蛋白质、脂肪、酚类以及维生素等，其中水分约占了70%以上。可溶性糖类是水果中的主要营养成分，包括单糖、双糖，多糖等。水果中的糖主要是蔗糖、葡萄糖和果糖，有的还含有木糖、山梨醇、甘露醇等，不同种类甚至同一种类不同品种的水果，可溶性糖构成可能存在差异。可溶性糖组分既是水果中的重要营养成分，也是衡量果实甜度和风味品质的重要指标。可溶性固形物含量一定程度上可以反映果实的含糖量，其单位通常表示为°Bx。此外，水果中含有丰富的有机酸，多为脂肪族羧酸，如柠檬酸、苹果酸、酒石酸等，是水果酸味的来源。不同种类甚至同一种类不同品种的水果，有机酸构成可能存在差异，多数水果以苹果酸或柠檬酸为主。水果的口感与糖、酸组分的种类和构成比例有很大关系。膳食纤维指不能被人体小肠消化吸收但具有健康意义的，植物中天然存在或通过提取/合成的，聚合度（DP）≥3的碳水化合物聚合物，包括纤维素、半纤维素、果胶及其他单体成分等。有人提出膳食纤维为第七类营养素。维生素C是一种水溶性维生素，是水果中的主要维生素。维生素C可以提高人体免疫力，在抗氧化等方面均有很好的效果。对人体而言，维生素C是特别重要的营养物质，因为人自身不能合成维生素C，需从食物中摄取来维持其生长发育，而水果是人体获得维生素C的一个最直接途径。酚类物质是果实在生长代谢中的次生产物，它对水果的生长发育和调节，基因的诱导表达、信号转导、紫外辐射的吸收、产品的褐变，生物固氮有一定的影响。多酚类化合物是指分子结构中有若干个酚性羟基的植物成分的总称，包括黄酮类、单宁类、酚酸类以及花色苷类等几种。不同水果的营养成分构成如表5-57所示。

表 5-57　不同水果营养成分构成

品种	能量/kJ	水分/%	蛋白质/%	脂肪/%	总膳食纤维/%	总糖/%	钙/ (mg/100g)	钠/ (mg/100g)	维生素C/ (mg/100g)
苹果	244	85.3	0.3	0.3	3.2	11.5	6	0	2
梨	228 ~ 278	81 ~ 84.8	0.3 ~ 0.4	0	3 ~ 3.7	9 ~ 12.4	6 ~ 8	0 ~ 2	2 ~ 6
甜瓜	99 ~ 149	89.8 ~ 92.7	0.5 ~ 0.8	0 ~ 0.3	0.4 ~ 1	4.4 ~ 7.1	5 ~ 39	3 ~ 44	4 ~ 34
猕猴桃	230 ~ 244	82.6 ~ 83.8	1.2	0.5 ~ 0.7	1.8 ~ 3	8.8 ~ 10.9	18 ~ 28	2 ~ 3	85 ~ 110
西瓜	126	91.45	0.61	0.15	0.4	6.2	7	1	8.1
菠萝	178	86.8	0.6	0.2	1.8	8.2	20	2	17
杧果	237	84.1	0.4	0	1.3	12.9	9	0	24
柑橘	115 ~ 121	81.6 ~ 89	0.6 ~ 1.5	0.2 ~ 0.3	2.5 ~ 10.6	0 ~ 1.8	20 ~ 134	2 ~ 6	48 ~ 129
草莓	109	92.1	0.7	0.2	2.5	3.8	22	0	45
桃	168 ~ 181	87.2	0.8 ~ 1.2	0.1	2	7.4 ~ 8	5 ~ 9	0 ~ 2	8 ~ 12
樱桃	250	82.8	0.8	0.2	1.5	10.9	22	0	19
葡萄	276 ~ 349	75 ~ 82.1	0.6 ~ 1.3	0.1 ~ 0.2	2.3 ~ 3.5	12.7 ~ 18.8	5 ~ 13	3 ~ 8	5 ~ 7

杏	171	85.4	0.8	0.1	2.5	6.6	16	2	12
荔枝	296	80.6	1.1	0.1	1.3	16.2	2	1	49
蓝莓	194	83.6	0.5	0	3.5	9.2	11	2	2
牛油果	670	73.23	2	14.66	6.7	0.66	12	7	10
杨桃	130	91.38	1.04	0.33	2.8	3.98	3	2	34.4
菠萝蜜	347	75.4	2.2	0.3	3	16.3	18	3	6
木瓜	142	89.3	0.4	0.1	2.3	6.9	28	7	60
李子	162	87.8	0.6	0.1	2	6.5	7	2	5
火龙果	215	84.8	1.1	0.2	2.0	13.3	7	2.7	3.0
山竹	290	81.2	0.4	0.2	1.5	18	11	3.8	1.2
榴莲	613	64.5	2.6	3.3	1.7	28.3	4	2.9	2.8

（二）水果营养素指标评价方法

1. 水分的检测

食品中的水分一般是指在100℃左右直接干燥的情况下，所失去物质的总量。水分是水果的主要组成部分，一般水果的含水量均在80%以上，水果中水分的测定利用GB 5009.3—2016《食品安全国家标准　食品中水分的测定》中的直接干燥法、减压干燥法、蒸馏法以及卡尔·费休法。直接干燥法是利用食品中水分的物理性质，在101.3kPa（1atm），101～105℃下采用挥发方法测定样品中干燥减失的质量，包括吸湿水、部分结晶水和该条件下能挥发的物质，再通过干燥前后的称量数值计算出水分的含量。减压干燥法是利用食品中水分的物理性质，在达到40～53kPa压力后加热至（60±5）℃，采用减压烘干方法去除试样中的水分，再通过烘干前后的称量数值计算出水分的含量。蒸馏法是利用食品中水分的物理化学性质，使用水分测定器将食品中的水分与甲苯或二甲苯共同蒸出，根据接受的水的体积计算出试样中水分的含量。卡尔·费休法是根据碘能与水和二氧化硫发生化学反应，在有吡啶和甲醇共存时，1mol碘只与1mol水作用。卡尔·费休水分测定又分为库仑法和容量法。其中容量法测定的碘是作为滴定剂加入的，滴定剂中碘的浓度是已知的，根据消耗滴定剂的体积，计算消耗碘的量，从而计量出被测样品的水的含量。

2. 蛋白质检测

蛋白质是含氮的有机化合物，分子质量很大。水果中的蛋白质含量差异较大。蛋白质的检测方法一般使用凯氏定氮法测定氮总量，然后乘一个蛋白质换算系数。蛋白质是生命的物质基础，人体11%～13%总热量来自蛋白质。蛋白质是食品的重要指标，其含量与分解产物直接影响食品的色、香、味。

蛋白质的测定一般使用GB 5009.5—2016《食品安全国家标准　食品中蛋白质的测定》，主要包括凯氏定氮法，原理是蛋白质在催化加热条件下被分解，产生的氨与硫酸生成硫酸铵。碱化蒸馏使氨游离，用硼酸吸收后以硫酸或盐酸标准滴定溶液滴定，根据酸的消耗量计算氮含量，再乘以换算系数，即为蛋白质的含量。分光光度法是食品中的蛋白质在催化加热条件下被分解，分解产生的氨与硫酸结合生成硫酸铵，在pH4.8的乙酸钠-乙酸缓冲溶液中与乙酰丙酮和甲醛反应生成黄色的3,5-二乙酰-2,6-二甲基-1,4-二氢化吡啶化合物。在波长400nm处测定吸光度值，与标准系列比较定量，结果乘以换算系数，即为蛋白质含量。燃烧法是指试样在900～1200℃高温下燃烧，燃烧过程中产生混合气体，其中的碳、硫等干扰气体和盐类被吸收管吸收，氮氧化物被全部还原成氮气，形成的氮气气流通过热导检测器（TCD）进行检测。

3．脂肪检测

大部分水果中含脂肪含量较低。脂肪的检测一般参考GB 5009.6—2016《食品安全国家标准　食品中脂肪的测定》，包括索氏抽提法、酸水解法、碱水解法。索氏抽提法是指试样直接用无水乙醚或石油醚等溶剂抽提后，蒸发除去溶剂，干燥，得到游离脂肪的含量。酸水解法是指食品中的结合脂肪必须用强酸使其游离出来，游离出的脂肪易溶于有机溶剂，试样经盐酸水解后用无水乙醚或石油醚提取，除去溶剂即得游离态和结合态脂肪的总含量。碱水解法是指用无水乙醚和石油醚抽提样品的碱（氨水）水解液，通过蒸馏或蒸发去除溶剂，测定溶于溶剂中的抽提物的质量。

4．膳食纤维检测

膳食纤维是人们日常生活必不可少的营养素，具有预防便秘、增加饱腹感等功效，水果中总膳食纤维主要包括能溶于水的膳食纤维（简称可溶性膳食纤维）和不能溶于水的膳食纤维（简称不溶性膳食纤维），膳食纤维检测方法一般利用国标（GB 5009.88—2014《食品安全国家标准　食品中膳食纤维的测定》）酶质量法和酶质量法–液相色谱法，其原理是干燥试样经热稳定α–淀粉酶、蛋白酶和葡萄糖苷酶酶解消化去除蛋白质和淀粉后，经乙醇沉淀、抽滤，残渣用乙醇和丙酮洗涤，干燥称量，即为总膳食纤维残渣。另取试样酶解，直接抽滤并用热水洗涤，残渣干燥称量，即得不溶性膳食纤维；滤液用4倍体积的乙醇沉淀、抽滤、干燥称量，得可溶性膳食纤维残渣。扣除各类膳食纤维残渣中相应的蛋白质、灰分和试剂空白含量，即可计算出试样中总的、不溶性和可溶性膳食纤维含量。

5．总糖检测

食品中的总糖通常是指具有还原性的糖（葡萄糖、果糖、乳糖、麦芽等）和在测定条件下能水解为还原性单糖的蔗糖的总量。总糖是食品生产中常规分析项目。它反映的是食品中可溶性单糖和低聚糖的总量，其含量高低对产品的色、香、味、组织形态、营养价值、成本等有一定影响。其原理是糖与浓硫酸发生反应，脱水生成起甲基呋喃甲醛，再与蒽酮缩合成蓝绿色化合物，该化合物在620nm处有最大吸收峰，呈色深浅（吸光度大小）与溶液中糖的含量成正比。

6．矿物质检测（钙和钠）

矿物质是人体结构的重要成分，对于人体的营养和功能有着不容忽视的影响力，矿物质摄入量不够，会引起各种缺乏症，身体营养不均衡。矿物质在水果中的分布非常广泛，有钙、磷、铁、硫、镁、钾、碘等，占干物质的1%～5%。果蔬是人体矿物质的重要来源，是产生和保持人体组织生命功能必不可少的营养物质，由于水果的种类不同，矿物质元素的组成比例也不相同。矿物质的测定方法很多，其中钠和钙的检测主要是采用GB 5009.91—2017《食品安全国家标准　食品中钾、钠的测定》和GB 5009.92—2016《食品安全国家标准　食品中钙的测定》，包括比色法、容量滴定法、称量法、原子吸收光谱法、电感耦合等离子体质谱法（ICP-MS），常用的原子吸收光谱法主要是待测元素原子化产生基态原子，光源发出待测元素特征的共振线，根据基态原子吸收共振线的程度来测定含量；电感耦合等离子法是利用在电感线圈上施加强大功率的高频射频信号在线圈内部形成高温等离子体，发生蒸发、分解、激发和电离，然后离子有效传输到质谱仪，通过选择不同质核比（m/z）的离子通过来检测到某个离子的强度，进而分析计算出某种元素的强度。

7．维生素C检测

维生素C是一种水溶性维生素，是重要的人体营养素，缺乏维生素C会导致体质下降，甚至引起坏血病。维生素C广泛存在于水果和蔬菜中，食用水果是人们补充维生素C的重要途径。目前，维生素C的检测方法一般是利用GB 5009.86—2016《食品安全国家标准　食品中抗坏血酸的测定》高效液相色谱法：试样中的抗坏血酸用偏磷酸溶解超声提取后，以离子对试剂为流动相，经反相色谱柱分离，其中L(+)-抗坏血酸和D(-)-抗坏血酸直接用配有紫外检测器的液相色谱仪（波长245nm）测定；试样中的L(+)-脱氢抗坏血酸经L-半胱氨酸溶液进行还原后，用紫外检测器（波长245nm）测定L(+)-抗坏血酸总量，或减去原样中测得的L(+)-抗坏血酸含量而获得L(+)-脱氢抗坏血酸的含量，以色谱峰的保留时间定性，外标法定量。

维生素C的测定方法主要有以下两种。

（1）荧光法　试样中L(+)-抗坏血酸经活性炭氧化为L(+)-脱氢抗坏血酸后，与邻苯二胺（OPDA）反应生成有荧光的喹喔啉（quinoxaline），其荧光强度与L(+)-抗坏血酸的浓度在一定条件下成正比，以此测定试样中L(+)-抗坏血酸总量。

（2）2,6二氯靛酚滴定法　用蓝色的碱性染料2,6二氯靛酚标准溶液对含L(+)-

抗坏血酸的试样酸性浸出液进行氧化还原滴定2,6二氯靛酚被还原为无色，当到达滴定终点时，多余的2,6二氯靛酚在酸性介质中显浅红色，由2,6二氯靛酚的消耗量计算样品中L(+)–抗坏血酸的含量。

8．能量

食品能量信息是食品营养标签中的主要信息之一，从理论上来说，提供能量信息，能帮助消费者更明智地选择适合自己的低热量食物。食物能量的测定可用测热器进行精确测量，将被测样品放入测热器燃烧室完全燃烧，用水吸收释放出的全部能量，在常压下1mL水升高1℃，需要吸收4.187J，然后进行相应的换算。GB/Z 21922—2008《食品营养成分基本术语》中提出食物中的蛋白质、脂肪和碳水化合物等营养素在人体代谢中产生能量。通过测定食品中的产能营养素含量，结合能量的折算系数来计算食品的总能量，单位以千焦（kJ）或焦耳表示。

（三）水果营养功效质量评价

一般食物营养功效评价是考察营养素的消化、吸收和利用率。如食物利用率，蛋白质消化率测定，针对蛋白质利用率的功效比值（PER）、生物价（BV）、净利用率（NPU）、净蛋白质比值（NPR）及氮平衡指数（NBI），脂肪消化率，还有反映营养成分与血糖变化关系的食物血糖生成指数等。

鲜切水果种类繁多，不同水果中的水分、蛋白质、总糖、膳食纤维、矿物质、维生素C等营养物质的含量各不相同，因此不同种类的水果摄取后对人体的营养功效也各不相同。需要对其单一或综合的营养功效进行评价。

鲜切水果的营养质量评价方法众多，有直观分析法、预测模型、体外消化、动物实验及人体实验等。影响鲜切水果营养功效评价的决定因素主要是水果中营养素的种类是否齐全，营养素的数量是否能满足人体的需要，营养素之间的比例是否适宜等。直观分析法就是通过查阅水果营养成分表，计算水果中各种营养素的含量和他们之间的各种比值来评定水果的营养价值。如果水果中各种营养的种类和营养的含量越接近人体需要，表示该水果的营养价值就越高，其营养功效也就越高；预测模型是通过建数学建模，分析营养素与功效的关系，结合多种营养学知识，以营养功效为目标，从评价标准、目标函数和约束条件等方面创建模型，并最后通过实验进行验证。目前，通过提出对神经网络模型构建方法，能比较明确的确定水果中可溶性糖、可滴定酸以及维生素C对人体营养功效的作用排在水果营养素的前几位；体外消化是指模拟动物胃肠道酶环境，测定养分消化率、生物利用率及某些功能性物质的生物活性，可在短时间内筛查大量样本，成本相对较低；对于任意食品，活体代谢模型是测定原料消化率和利用率最可靠的方法，其准确度取决于试验流程的规范性，如排泄物的收集、指示剂的选择等。但该方法在统筹安排方面受到不少限制，如成本高、耗时长、牵涉问题广等，不适合用作日常评定技术。

鲜切水果的营养功效评价最重要的工作就是统一果品中营养成分的分析检测方法，建立相应的技术标准，提供可靠的原始数据并建立数据库，最后利用计算机建模技术解决不同类型营养素间的平衡问题，为指导消费者挑选鲜切水果的种类和数量提供理论上的参考依据。鲜切水果主要营养素评价方法见表5-58。

表 5-58　水果中主要营养成分的评价方法

营养素	含量		生物利用
	绝对	相对	
碳水化合物	利用国标测定含量	感官评定	1．快吸收利用葡萄糖 2．慢吸收利用葡萄糖 3．非淀粉多糖的含量 4．血糖生成指数
可滴定酸		感官评定	1．化学形式 2．人体生物利用率
维生素C		—	1．化学形式 2．生物利用率
膳食纤维		感官评定	生物利用率
其他营养素		—	生物利用率

总之，鲜切水果营养学评价是消费者关注的重要指标之一，对消费者心理行为、购买行为都起到重要指导作用。目前国内鲜切水果营养评价领域有一定的研究进展，但仍需投入大量工作去不断完善。

（四）鲜切水果营养健康等级评价

合理营养是健康的物质基础，平衡膳食、合理消费又是合理营养的根本途径。随着我国经济社会的快速发展，居民对食物的消费有了更高层次的需要，鲜切水果的出现一定程度满足了人们的这一需求转变。但同时，鲜切水果的营养健康问题，特别是如何评价和分级，如何从营养学的视角来审视鲜切水果的加工和消费就需要建立一套完善的评级模型。

鲜切水果营养健康评级模型的建立可以结合澳大利亚的健康星级（HSR）评估体系（图5-2）和FAO/WHO于2005年推出的营养素安全摄入上限风险评估模型。以100g包装鲜切水果的能量、钠、碳水化合物、膳食纤维和饱和脂肪含量等为指标，考察各种鲜切水果单一或搭配生产销售时的分数，代入模型最终转化为该包装产品的营养健康等级数值，从最小的1/2到最大的5，数值越大，说明该包装产品越健康。利用中国居民膳食营养素参考摄入量和营养素安全摄入上限风险评估模型，以评估和管理鲜切水果营养素过量摄入风险。模型中，还应考虑鲜切水果中营养素与营养功效的关系，不同的营养素可能存在着“相生相克”的现象，即某种营养素过量会导致其他营养素吸收率下降，或者某种营养素在人体内会转换成另外的营养素，导致该营养素会上升。因此，包装鲜切水果营养健康评级应通过提供实际的包装信息，如建议的购买尺寸和每日能量摄入图标等，为消费者提供一种更合理、更方便，易于理解的评价工具。同时该模型也可以完善营养健康状况监测体系，保障营养改善工作顺利实施，为进一步完善营养改善相关政策提供科学依据。

该模型的建立是一项复杂的工程，需要搜集大量数据不断完善，数据涉及不同地域、环境、品种、种类、成熟度等，同时还涉及生产商和消费者观念的转变和接受程度。

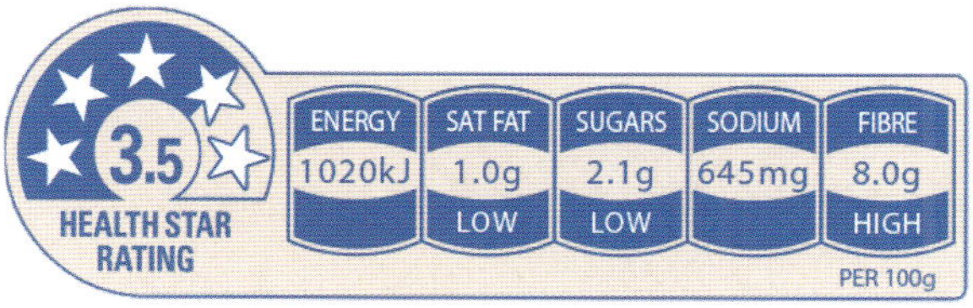

图 5-2　澳大利亚健康星级标签

HEALTH STAR RATING—健康星级　　ENERGY—能量
SAT FAT—饱和脂肪　　SUGARS—糖类
SODIUM—钠　　FIBRE—纤维素
LOW—低　　HIGH—高
PER 100g—每100g

第六章

鲜切水果质量等级评价

鲜切水果质量等级评价方法的建立可为准确评价产品的感官品质、评估货架期以及技术研究提供科学依据。本章针对鲜切加工常用的24种水果构建了鲜切产品质量等级评价图谱，货架可食依据可参考此图，评价分应在5分以上。

一、苹果

鲜切苹果质量等级评价如表6-1所示。

（1）关键质量问题　褐变、软化、半透明化。

（2）适宜品种　富士系列，易软化褐变品种不适宜。

（3）品质要求　建议果肉硬度不低于6.0kg/cm^2。

（4）加工出品率　65%～75%。

（5）货架期（4℃）　14～21d。

4℃下基本生理指标：
呼吸强度：5～15mL CO_2/(kg·h)
乙烯释放量：40～80μL C_2H_4/(kg·h)

表 6-1　鲜切苹果质量等级评价

评分	9	7	5	3	1
富士			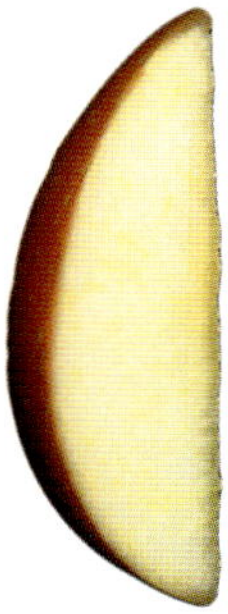	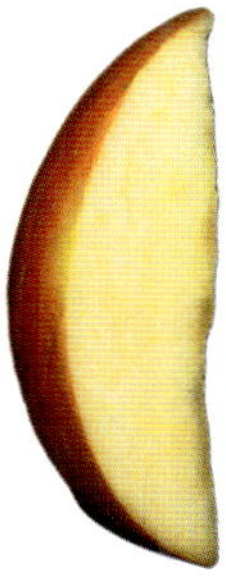	
黄元帅					
澳洲青苹					

二、梨

鲜切梨质量等级评价如表6–2所示。

（1）加工关键问题　褐变、软化、半透明化。

（2）适宜品种　白梨系列较好，易软化褐变品种不适宜。

（3）品质要求　建议果肉硬度不低于4.0kg/cm^2。

（4）加工出品率　65%～75%。

（5）货架期（4℃）　7～10d。

4℃下基本生理指标：
呼吸强度： 10～15mL CO_2 /（kg·h）
乙烯释放量： 1～10μL C_2H_4 /（kg·h）

表6–2　鲜切梨质量等级评价

评分	9	7	5	3	1
酥梨					
黄冠					

续表

评分	9	7	5	3	1
黄金		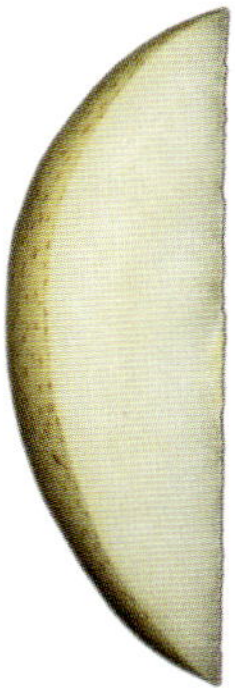			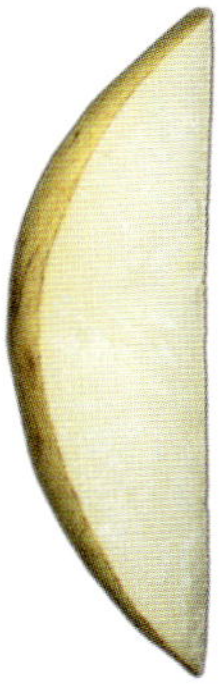

三、厚皮甜瓜

鲜切厚皮甜瓜质量等级评价如表6–3所示。

（1）关键质量问题　软化、半透明化、流汁。

（2）适宜品种　选择可食率较高品种，易软化流汁品种不适宜。

（3）品质要求　建议果肉硬度不低于2.5kg/cm^2。

（4）加工出品率　65%～75%。

（5）货架期（4℃）　5～7d。

4℃下基本生理指标：

呼吸强度：2～15mL CO_2/（kg·h）

乙烯释放量：20～50μL C_2H_4/（kg·h）

表6–3　鲜切厚皮甜瓜质量等级评价

评分	9	7	5	3	1
哈密瓜					

续表

评分	9	7	5	3	1
西州蜜					
蜜瓜	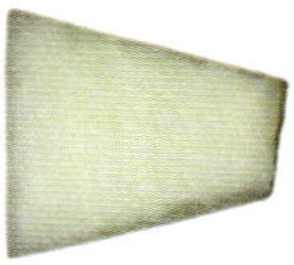				

四、猕猴桃

鲜切猕猴桃等级评价如表6-4所示。

（1）关键质量问题　软化、半透明化。

（2）适宜品种　选择可食率较高品种，易软化流汁品种不适宜。

（3）品质要求　建议果肉硬度不低于1.0kg/cm^2。

（4）加工出品率　70%～80%。

（5）货架期（4℃）　5～7d。

4℃下基本生理指标：
呼吸强度： 3～15mL CO_2/（kg·h）
乙烯释放量： 1～10μL C_2H_4/（kg·h）

表6-4　鲜切猕猴桃质量等级评价

评分	9	7	5	3	1
绿肉					

续表

评分	9	7	5	3	1
黄肉					
红心					

五、西瓜

鲜切西瓜质量等级评价如表6-5所示。

（1）关键质量问题　半透明化、流汁。

（2）适宜品种　选择无籽品种，有籽和易流汁品种不适宜。

（3）品质要求　建议果肉硬度不低于1.5kg/cm^2。

（4）加工出品率　65%～70%。

（5）货架期（4℃）　3～5d。

4℃下基本生理指标：
呼吸强度：1～5mL CO_2/（kg·h）
乙烯释放量：0～1μL C_2H_4/（kg·h）

表6-5　鲜切西瓜质量等级评价

评分	9	7	5	3	1
无籽	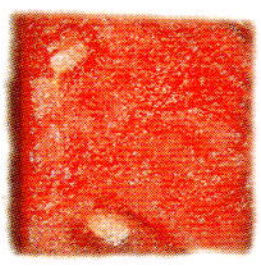				

续表

评分	9	7	5	3	1
麒麟				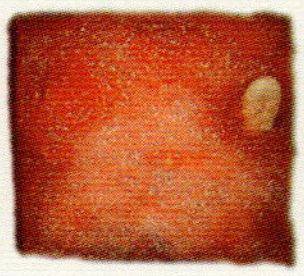	
有籽	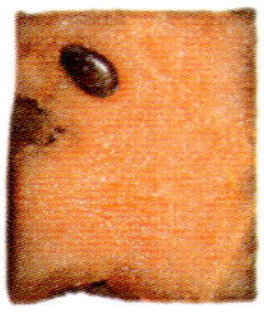		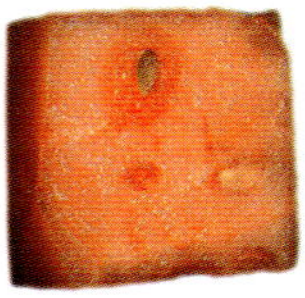	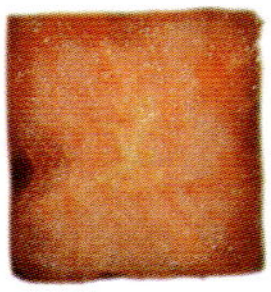	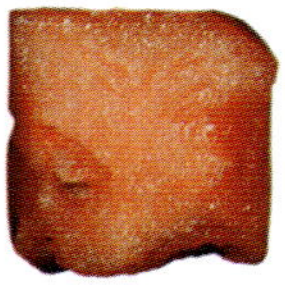

六、菠萝

鲜切菠萝质量等级评价如表6-6所示。

（1）关键质量问题　褐变、流汁。

（2）适宜品种　选择果肉质密品种，易流汁品种不适宜。

（3）品质要求　建议果肉硬度不低于3.0kg/cm^2。

（4）加工出品率　45%～55%。

（5）货架期（4℃）　5～7d。

4℃下基本生理指标：
呼吸强度：5～15mL CO_2/（kg·h）
乙烯释放量：1～5μL C_2H_4/（kg·h）

表6-6　鲜切菠萝质量等级评价

评分	9	7	5	3	1
楔形					

续表

评分	9	7	5	3	1
圆片状			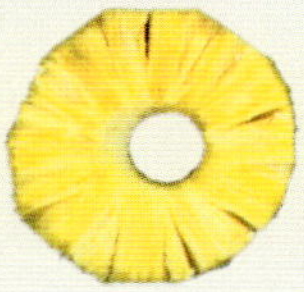		
块状					

七、杧果

鲜切杧果质量等级评价如表6-7所示。

（1）关键质量问题　褐变、软化。

（2）适宜品种　选择硬肉型品种，易流汁品种不适宜。

（3）品质要求　建议果肉硬度不低于2.0kg/cm^2。

（4）加工出品率　70%～80%。

（5）货架期（4℃）　5～7d。

4℃下基本生理指标：
呼吸强度：5～15mL CO_2/（kg·h）
乙烯释放量：2～10μL C_2H_4/（kg·h）

表 6-7　鲜切杧果质量等级评价

评分	9	7	5	3	1
低成熟度					

续表

评分	9	7	5	3	1
高成熟度					
扇形					

八、柑橘

鲜切柑橘质量等级评价如表6-8所示。

（1）关键质量问题　流汁、失水萎蔫、木质化、异味。

（2）适宜品种　选择果肉质密品种，易流汁品种不适宜。

（3）品质要求　建议果肉硬度不低于1.0kg/cm^2。

（4）加工出品率　65%～90%。

（5）货架期（4℃）　7～10d。

4℃下基本生理指标：
呼吸强度：10～15mL CO_2/（kg·h）
乙烯释放量：30～80μL C_2H_4/（kg·h）

表 6-8　鲜切柑橘质量等级评价

评分	9	7	5	3	1
夏橙					

续表

评分	9	7	5	3	1
脐橙					
血橙	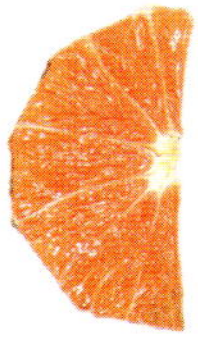	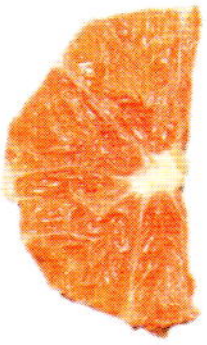		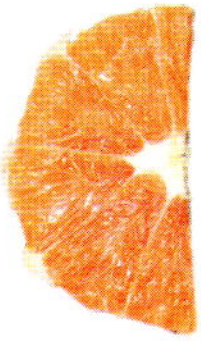	

九、草莓

鲜切草莓质量等级评价如表6-9所示。

（1）关键质量问题　表面凹陷斑、失水萎蔫。

（2）适宜品种　选择果肉质密品种，易流汁品种不适宜。

（3）品质要求　建议果肉硬度不低于2.0kg/cm^2。

（4）加工出品率　95%以上。

（5）货架期（4℃）　5～8d。

4℃下基本生理指标：
呼吸强度： 10～30mL CO_2/（kg·h）
乙烯释放量： 10～15μL C_2H_4/（kg·h）

表6-9　鲜切草莓质量等级评价

评分	9	7	5	3	1
纵切果面					

续表

评分	9	7	5	3	1
纵切切面					
横切圆片					

十、火龙果

鲜切火龙果质量等级评价如表6-10所示。

（1）关键质量问题　褐变、软化。

（2）适宜品种　选择硬肉型品种，易流汁品种不适宜。

（3）品质要求　建议果肉硬度不低于1.2kg/cm^2。

（4）加工出品率　55%～65%。

（5）货架期（4℃）　5～7d。

4℃下基本生理指标：
呼吸强度： 10～15mL CO_2/（kg·h）
乙烯释放量： 1～5μL C_2H_4/（kg·h）

表6-10　鲜切火龙果质量等级评价

评分	9	7	5	3	1
带皮					

续表

评分	9	7	5	3	1
白肉	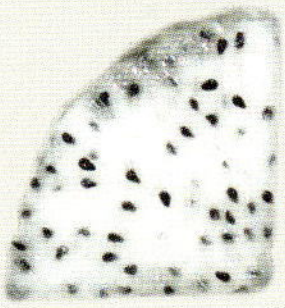				
红肉		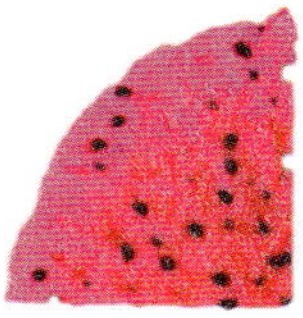	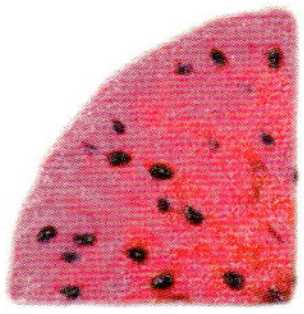	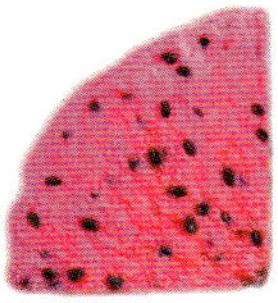	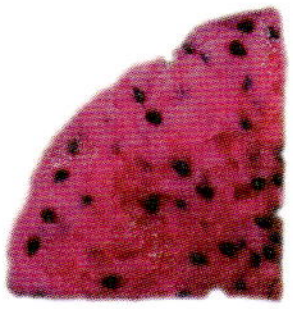

十一、桃

鲜切桃质量等级评价如表6-11所示。

（1）关键质量问题　褐变、软化。

（2）适宜品种　选择硬溶质、离核品种，粘核品种不适宜。

（3）品质要求　建议果肉硬度不低于6.0kg/cm²。

（4）加工出品率　90%以上。

（5）货架期（4℃）　7～10d。

4℃下基本生理指标：
呼吸强度： 3～10mL CO_2/（kg·h）
乙烯释放量： 1～10μL C_2H_4/（kg·h）

表6-11　鲜切桃质量等级评价

评分	9	7	5	3	1
毛桃	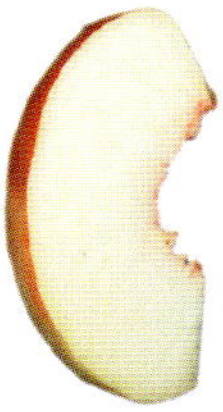	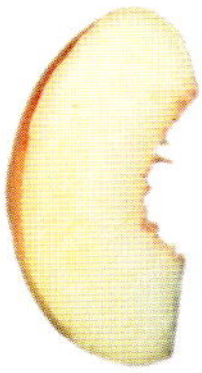		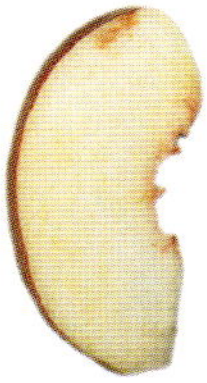	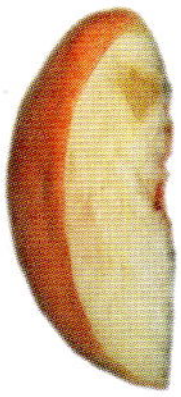

续表

评分	9	7	5	3	1
油桃	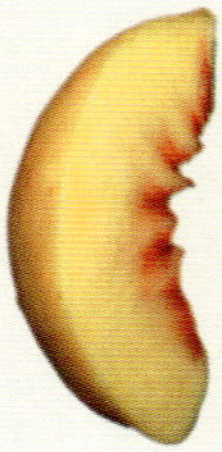	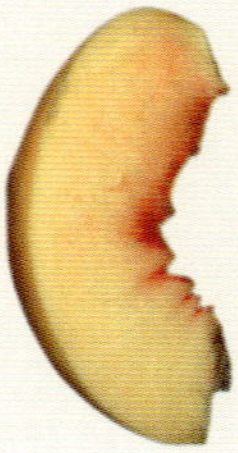	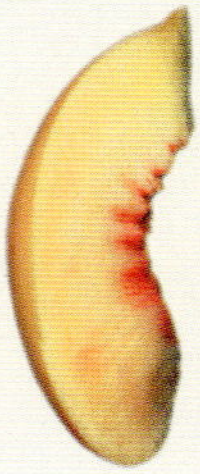	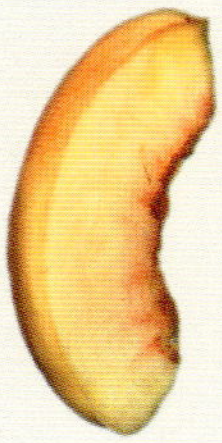	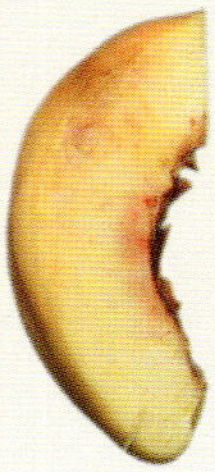
黄桃	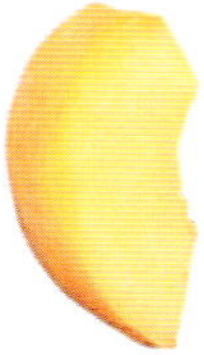		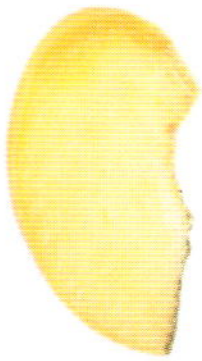	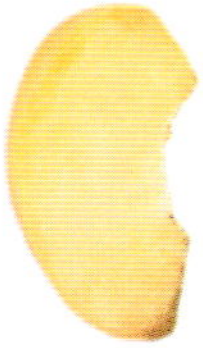	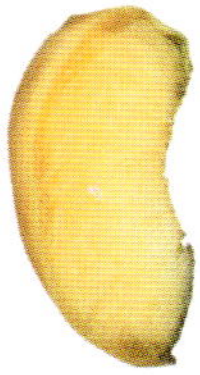

十二、樱桃

鲜切樱桃质量等级评价如表6–12所示。

（1）关键质量问题　褐变、凹陷、软化。

（2）适宜品种　选择硬肉品种，易软化品种不适宜。

（3）品质要求　建议果肉硬度不低于2.0kg/cm^2。

（4）加工出品率　95%以上。

（5）货架期（4℃）　7～10d。

4℃下基本生理指标：
呼吸强度：5～10mL CO_2 /（kg·h）
乙烯释放量：0～0.5μL C_2H_4 /（kg·h）

表 6–12　鲜切樱桃质量等级评价

评分	9	7	5	3	1
拉宾斯					

续表

评分	9	7	5	3	1
雷尼					
先锋					

十三、葡萄

鲜切葡萄质量等级评价如表6-13所示。

（1）关键质量问题　褐变、软化。

（2）适宜品种　选择硬肉、无核品种，易软化品种不适宜。

（3）品质要求　建议果肉硬度不低于1.5kg/cm^2。

（4）加工出品率　80%～90%。

（5）货架期（4℃）　5～7d。

4℃下基本生理指标：
呼吸强度： 1～10mL CO_2/（kg·h）
乙烯释放量： 1～10μL C_2H_4/（kg·h）

表6-13　鲜切葡萄质量等级评价

评分	9	7	5	3	1
阳光玫瑰					
红地球					

续表

评分	9	7	5	3	1
整果不切					

十四、杏

鲜切杏质量等级评价如表6–14所示。

（1）关键质量问题　褐变、软化。

（2）适宜品种　选择硬肉、离核品种，粘核品种不适宜。

（3）品质要求　建议果肉硬度不低于3.0kg/cm^2。

（4）加工出品率　90%以上。

（5）货架期（4℃）　5～7d。

4℃下基本生理指标：
呼吸强度：5～10mL CO_2/（kg·h）
乙烯释放量：1～5μL C_2H_4/（kg·h）

表 6–14　鲜切杏质量等级评价

评分	9	7	5	3	1
大偏头					
金太阳					

续表

评分	9	7	5	3	1
掉干杏					

十五、龙眼

鲜切龙眼质量等级评价如表6-15所示。

（1）关键质量问题　褐变、软化。

（2）适宜品种　选择不易流汁、肉多核小品种，如水南、友谊等。

（3）品质要求　建议果肉硬度不低于4.0kg/cm^2。

（4）加工出品率　70%～85%。

（5）货架期（4℃）　5～7d。

4℃下基本生理指标：
呼吸强度：5～10mL CO_2/（kg·h）
乙烯释放量：0～1μL C_2H_4/（kg·h）

表6-15　鲜切龙眼质量等级评价

评分	9	7	5	3	1
去核	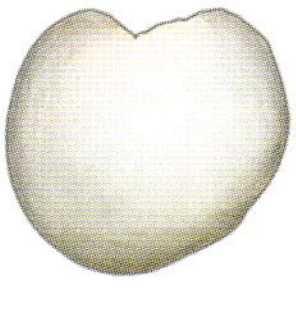	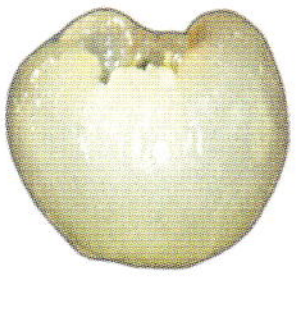			
有核					

十六、荔枝

鲜切荔枝质量等级评价如表6–16所示。

（1）关键质量问题　褐变、软化。

（2）适宜品种　选择不易流汁、核小的品种，如桂味、糯米滋和妃子笑等。

（3）品质要求　建议果肉硬度不低于1.0kg/cm^2。

（4）加工出品率　65%～70%以上。

（5）货架期（4℃）　3～5d。

4℃下基本生理指标：
呼吸强度： 2～8mL CO_2 /（kg·h）
乙烯释放量： 0～1μL C_2H_4 /（kg·h）

表 6–16　鲜切荔枝质量等级评价

评分	9	7	5	3	1
去核					
有核					

十七、蓝莓

鲜切蓝莓质量等级评价如表6–17所示。

（1）关键质量问题　凹陷、软化。

（2）适宜品种　选择硬肉型品种，如Bluecrop、Duke及Lateblue等。

（3）品质要求　建议果肉硬度不低于3.0kg/cm^2。

（4）加工出品率　100%。

（5）货架期（4℃）　5～12d。

4℃下基本生理指标：
呼吸强度： 1～5mL CO_2/（kg·h）
乙烯释放量： 0.5～2.0μL C_2H_4/（kg·h）

表 6–17　鲜切蓝莓质量等级评价

评分	9	7	5	3	1
蓝丰					
都克	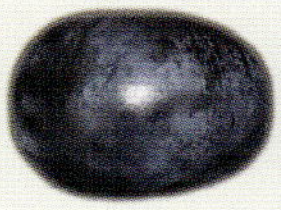				

十八、牛油果

鲜切牛油果质量等级评价如表6–18所示。

（1）关键质量问题　褐变、软化。

（2）适宜品种　通常选择核小，肉质紧密的品种，如HASS、GWEN等。

（3）品质要求　建议果肉硬度不低于5.0kg/cm^2。

（4）加工出品率　75%～80%。

（5）货架期（4℃）　4～7d。

4℃下基本生理指标：
呼吸强度： 30～50mL CO_2/（kg·h）
乙烯释放量： 50～80μL C_2H_4/（kg·h）

表 6-18　鲜切牛油果质量等级评价

评分	9	7	5	3	1
高成熟度	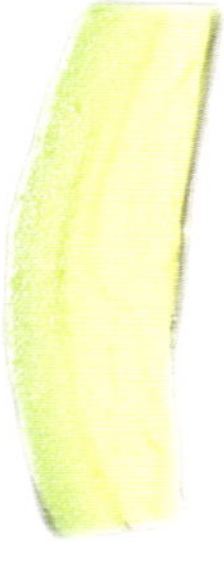				
适宜成熟度					
带核					

十九、杨桃

鲜切杨桃质量等级评价如表6–19所示。

（1）关键质量问题　褐变、透明化、软化。

（2）适宜品种　通常选择硬肉、果心小的品种，如七根松、东莞甜杨桃等。

（3）品质要求　建议果肉硬度不低于2.5kg/cm^2。

（4）加工出品率　90%以上。

（5）货架期（4℃）　5～7d。

4℃下基本生理指标：
呼吸强度： 2～10mL CO_2 /（kg·h）
乙烯释放量： 0～0.5μL C_2H_4 /（kg·h）

表 6-19　鲜切杨桃质量等级评价

评分	9	7	5	3	1
低成熟度					
高成熟度					

二十、菠萝蜜

鲜切菠萝蜜质量等级评价如表6-20所示。

（1）关键质量问题　透明化、软化。

（2）适宜品种　通常选择硬肉型品种。

（3）品质要求　建议果肉硬度不低于10kg/cm^2。

（4）加工出品率　30%～40%。

（5）货架期（4℃）　3～5d。

4℃下基本生理指标：
呼吸强度：10～20mL CO_2/（kg·h）
乙烯释放量：30～60μL C_2H_4/（kg·h）

表 6-20　鲜切菠萝蜜质量等级评价

评分	9	7	5	3	1
低成熟度					

续表

评分	9	7	5	3	1
高成熟度					

二十一、榴莲

鲜切榴莲质量等级评价如表6-21所示。

（1）关键质量问题　透明化、软化。

（2）适宜品种　金枕头、干尧等品种均可。

（3）品质要求　建议果肉硬度不低于0.5kg/cm^2。

（4）加工出品率　30%～40%。

（5）货架期（4℃）　3～5d。

4℃下基本生理指标：
呼吸强度： 10～20mL CO_2/（kg·h）
乙烯释放量： 5～10μL C_2H_4/（kg·h）

表 6-21　鲜切榴莲质量等级评价

评分	9	7	5	3	1
低成熟度				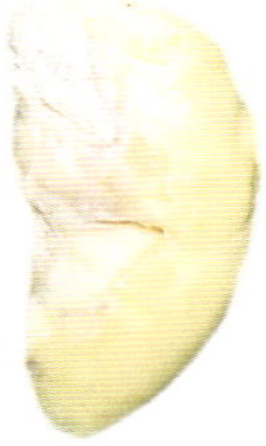	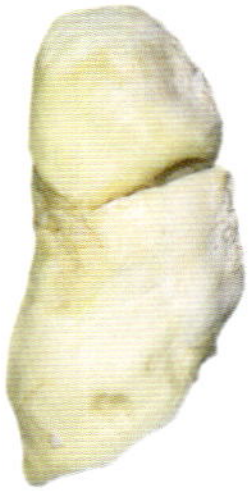

续表

评分	9	7	5	3	1
高成熟度					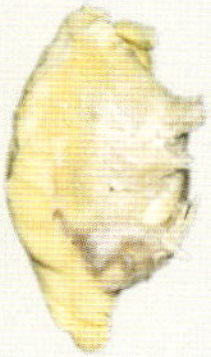

二十二、木瓜

鲜切木瓜质量等级评价如图6-22所示。

（1）关键质量问题　褐变、软化。

（2）适宜品种　选择不易褐变品种。

（3）品质要求　建议果肉硬度不低于2.0kg/cm^2。

（4）加工出品率　60%～65%以上。

（5）货架期（4℃）　5～7d。

4℃下基本生理指标：
呼吸强度： 5～10mL CO_2/(kg·h)
乙烯释放量： 2～8μL C_2H_4/(kg·h)

表6-22　鲜切木瓜质量等级评价

评分	9	7	5	3	1
低成熟度	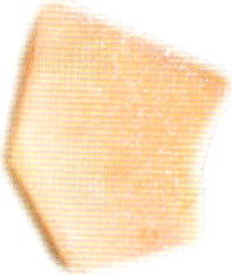			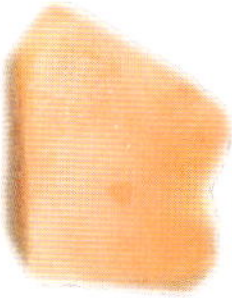	

续表

评分	9	7	5	3	1
高成熟度					

二十三、山竹

鲜切山竹质量等级评价如表6-23所示。

（1）关键质量问题　褐变、软化、流汁。

（2）适宜品种　无特殊要求。

（3）品质要求　原料萼片鲜绿色为宜。

（4）加工出品率　25%～30%以上。

（5）货架期（4℃）　2～4d。

4℃下基本生理指标：
呼吸强度： 5～15mL CO_2 /（kg·h）
乙烯释放量： 1～5μL C_2H_4 /（kg·h）

表 6-23　鲜切山竹质量等级评价

评分	9	7	5	3	1
整果					
整果					

二十四、李子

鲜切李子质量等级评价如表6-24所示。

（1）关键质量问题　红变、褐变、透明化。

（2）适宜品种　选择硬肉、离核品种。

（3）品质要求　建议果肉硬度不低于4.0kg/cm^2。

（4）加工出品率　95%以上。

（5）货架期（4℃）　3～5d。

4℃下基本生理指标：
呼吸强度：1～5mL CO_2 /（kg·h）
乙烯释放量：0.1～10μL C_2H_4 /（kg·h）

表 6-24　鲜切李子质量等级评价

评分	9	7	5	3	1
红李					
黑李				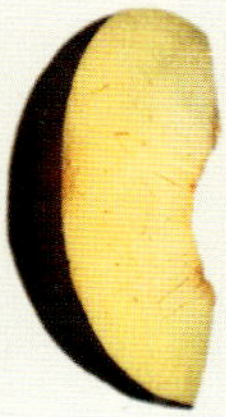	
青李					

附 录

附录一　GB 31652—2021《食品安全国家标准 即食鲜切果蔬加工卫生规范》

1　范围

本标准规定了即食鲜切果蔬生产过程中原料采购、验收、加工、包装、贮存和运输等环节的场所、设施与设备、人员的基本要求和管理准则等。

本标准适用于即食鲜切果蔬企业的生产。

本标准不适用于超市、餐饮、便利店等自制现售鲜切果蔬加工。

2　术语和定义

GB 14881界定的以及下列术语和定义适用于本文件。

2.1　即食鲜切果蔬

以新鲜的水果、蔬菜为原料，采用预处理、清洗、去皮或不去皮、切分或不切分、消毒、漂洗、去除表面水等处理，密封包装后经冷链贮运销售，可直接入口食用的产品。

3 选址及厂区环境

应符合GB 14881的相关规定。

4 厂房和车间

4.1 应符合GB 14881的相关规定。

4.2 厂房和车间应根据生产流程、操作需要和清洁度的要求采取有效分离或分隔，避免交叉污染。按照即食鲜切果蔬工艺流程，厂房和车间可划分为一般作业区（如仓储区、外包装区和预处理区等）、准清洁作业区（如蔬菜切分区、清洗区、清毒区及漂洗区等）和清洁作业区（如水果切分区、内包装区等）。

5 设施与设备

5.1 应符合GB 14881的相关规定。

5.2 应配备足够的供水、清洗和消毒设施，加工用水的水质应符合GB 5749的规定。

5.3 生产车间入口处应设置更衣场所和洗手、消毒设施，且清洁作业区应和其他作业区分开。清洁作业区内应设置洗手和消毒设施，供员工定时洗手和消毒。

5.4 生产车间应配备通风、空气过滤装置等设施，通风口应安装滤网或其他保护性网罩，并按照规定拆卸、清洗和维护。

5.5 生产车间应配备臭氧等环境消毒设施。

5.6 生产车间和仓储区应配备温控设施，必要时配备湿度控制设施，并按照规定校准和维护。

5.7 清洗区应配备清洗设备，加工区应配备切分、脱水或沥水等设备，包装区应配备称量、包装和金属探测等设备。

6 卫生管理

6.1 应符合GB 14881的相关规定。

6.2 应对车间地面、墙壁和设备等按照规定清洗和消毒。

6.3 应对工器具和周转箱等进行清洗，按照规定消毒。

6.4 食品加工人员应根据作业区域的划分，按照要求穿着工作服，佩戴手套、工作帽、口罩，穿着工作靴。

7 果蔬原料、食品添加剂和食品相关产品的要求

7.1 应符合GB 14881的相关规定。

7.2 应建立果蔬原料、食品添加剂和食品相关产品的采购、验收、运输和贮存等管理制度。

7.3 果蔬原料应符合GB 2762和GB 2763等有关规定，食品添加剂的使用应符合GB 2760等有关规定，使用的洗涤剂和消毒剂应分别符合GB 14930.1和GB 14930.2的规定，包装材料应符合相关食品安全国家标准的规定。

7.4 应加强果蔬供应商的管理和评估，控制农药残留和重金属污染。

7.5 果蔬原料应及时贮藏，以保持足够新鲜。

7.6 不宜生食的果蔬不应作为原料。

7.7 应根据原料特性设置适宜的贮存温度和时间，对贮存温度和时间进行监控并记录。

8 生产过程的食品安全控制

8.1 一般要求

8.1.1 应符合GB 14881的相关规定。

8.1.2 应建立清洁消毒制度，制定清洁消毒程序，以保证即食鲜切果蔬加工场所、设备和设施等清洁卫生，防止产品污染。

8.1.3 应根据工艺特点选择合理的清洁消毒方法，对环境、设施、设备、工器具等进行清洗消毒和监控，并记录。

8.1.4 应加强各工序在生产结束后、更换品种或批次前的清场管理，并进行记录。

8.1.5 应对各环节的设备设施运转情况予以检查和监控，并有实施记录。

8.1.6 食品加工过程的微生物和致病菌监控主要包括环境微生物监控和过程产品致病菌监控。监控频率应基千污染可能发生的风险来制定。清洁、准清洁作业区微生物监控参照附录A的A.1。

8.1.7 切分的工器具及设备在使用前后应进行清洗、消毒，保持刀具锋利，损坏的刀具应及时更换。

8.2 工艺要求

8.2.1 鲜切水果工艺

鲜切水果的主要工艺流程为预处理、清洗、消毒、漂洗、去皮或不去皮、切分、去除表面水、包装、金属探测、冷藏等。

8.2.2 鲜切蔬菜工艺

鲜切蔬菜的主要工艺流程为预处理、清洗、去皮或不去皮、切分或不切分、消毒、漂洗、去除表面水、包装、金属探测、冷藏等。

8.2.3 预处理

对新鲜果蔬进行挑拣和分选。

8.2.4 清洗

将新鲜的果蔬清洗干净。

8.2.5 切分

对清洗消毒后的蔬果，使用刀具切分为规定的尺寸规格。

8.2.6 消毒、漂洗

应合理设置消毒液的浓度和消毒时间，消毒水温应符合8.3.4的规定，并定时监控。

应定时监测末次漂洗水的消毒液浓度，彻底漂洗，尽可能降低消毒液残留。

8.2.7 去除表面水

通过脱水或沥水设备去除表面水，确保果蔬表面尤明显水珠。

8.2.8 内包装

内包装环境温度应符合8.3.3的要求，根据产品属性合理选择包装材料，避免交叉污染。

8.3 温度要求

8.3.1 一般作业区中，应根据原料特性选择储存温度，需要冷藏的原料储存温度应不高于10℃，成品库应不高于5℃。

8.3.2 准清洁作业区（如蔬菜切分区、清洗区、清毒区及漂洗区等）应不高于10℃。

8.3.3 清洁作业区（如水果切分区、内包装区等）应不高于5℃。

8.3.4 消毒水温应不高于5℃。

9 检验

9.1 应符合GB 14881的相关规定。

9.2 应设置检验室，检验室应具备满足过程检验和出厂检验的仪器设备。

9.3 应建立出厂检验制度，对产品进行出厂检验，并记录。

9.4 应建立产品留样制度，样品应冷藏保存在专门区域，保存期限应超过保质期后24h。

10 贮存和运输

10.1 应符合GB 14881的相关规定。

10.2 贮存区域应合理划分（如待检区、合格区、不合格区等）并显著标识，储存温度应符合8.3.1的规定。

10.3 运输应采取全程冷链形式，冷藏车内温度应不高于5℃，并有全程记录。

10.4 运输工具应按照规定检查、清洁、消毒，确保安全卫生，并记录。

11 追溯和召回

11.1 应符合GB 14881的相关规定。

11.2 应建立食品安全追溯体系，保证食品可追溯。

12 培训

应符合GB 14881的相关规定。

13 管理制度和人员

应符合GB 14881的相关规定。

14 记录和文件管理

应符合GB 14881的相关规定。

15 标签

应符合GB 7718等的相关规定。

附录A
清洁、准清洁作业区微生物监控指南

清洁、准清洁作业区微生物监控指南见附表1。

附表1 清洁、准清洁作业区微生物监控指南

<table>
<tr><th colspan="2">监测项目</th><th>监控的采样点</th><th>监控指标</th><th>监控频率</th><th>监控指标限值</th></tr>
<tr><td rowspan="2">空气沉降菌</td><td>静态</td><td rowspan="2">靠近裸露产品的位置</td><td rowspan="2">菌落总数等</td><td rowspan="2">每周不少于1次</td><td rowspan="2">结合生产实际情况确定监控指标限值</td></tr>
<tr><td>动态</td></tr>
<tr><td rowspan="2">表面微生物（动态）</td><td>与食品接触表面</td><td>食品加工人员的手部、工作服、手套、传送皮带、工器具及其他直接接触食品的设备表面</td><td>菌落总数、大肠菌群等</td><td>每周不少于1次</td><td>结合生产实际情况确定监控指标限值</td></tr>
<tr><td>与食品或食品接触表面邻近的接触表面</td><td>设备外表面、支架表面、控制面板、零件车等接触表面</td><td>菌落总数、大肠菌群等卫生状况指示微生物，必要时监控致病菌</td><td>每周不少于1次</td><td>结合生产实际情况确定监控指标限值</td></tr>
<tr><td colspan="2">过程产品的致病菌监控</td><td>加工环节中微生物水平可能发生变化且会影响食品安全性和（或）食品品质的过程产品</td><td>致病菌（沙门菌、金黄色葡萄球菌、大肠埃希菌O 157：H7）</td><td>最后班次生产的产品，每月不少于1次</td><td>参照GB 2921</td></tr>
</table>

附录二　T/BAR 001—2021《鲜切水果》

1　范围

本文件规定了鲜切水果的要求、检验方法、检验规则、标识和标签、包装和贮存、运输和销售、销毁处置。

本文件适用于以新鲜水果为原料进行工业化生产并作为商品的鲜切水果。

2　规范性引用文件

下列文件中的内容通过文中的规范性引用而构成本文件必不可少的条款。其中，注日期的引用文件，仅该日期对应的版本适用于本文件；不注日期的引用文件，其最新版本（包括所有的修改单）适用于本文件。

GB/T 191　包装储运图示标志

GB 2760　食品安全国家标准　食品添加剂使用标准

GB 2761　食品安全国家标准　食品中真菌毒素限量

GB 2762　食品安全国家标准　食品中污染物限量

GB 2763　食品安全国家标准　食品中农药最大残留限量

GB 4789.4　食品安全国家标准　食品微生物学检验　沙门菌检验

GB 4789.10　食品安全国家标准　食品微生物学检验　金黄色葡萄球菌检验

GB 4789.36　食品安全国家标准　食品微生物学检验　大肠埃希菌O157:H7/NM检验

GB 4806.7　食品安全国家标准　食品接触用塑料材料及制品

GB 5009.12　食品安全国家标准　食品中铅的测定

GB 5009.15　食品安全国家标准　食品中镉的测定

GB 5749　生活饮用水卫生标准

GB 7718　食品安全国家标准　预包装食品标签通则

GB 29921　食品安全国家标准　食品中致病菌限量

JJF 1070　定量包装商品净含量检验规则

T/BAR 002　鲜切水果加工技术规范

3 术语和定义

下列术语和定义适用于本文件。

3.1 鲜切水果 fresh-cut fruits

新鲜水果经过清洗、消毒、去皮、去梗、去核、切分、修整、护色、包装等部分或全部加工过程制成的可直接食用的产品。

4 要求

4.1 基本要求

原辅料应符合GB 2761、GB 2762、GB 2763的要求。不得超品种和超范围使用食品添加剂，食品添加剂的种类和使用量应符合GB 2760的规定，食品添加剂的质量应符合相应的产品标准规定，生产用水应符合GB 5749的规定。

4.2 感官要求

感官要求应符合附表1的规定。

附表 1 感官要求

项目	要求
外观	新鲜、无变质和腐烂、无异物、无异常机械伤
颜色	符合该品种的特征色泽
质地	符合该品种的质地特征
气味或滋味	符合该品种正常的气味或滋味，无异味

4.3 卫生要求

4.3.1 污染物限量

污染物限量应符合GB 2762的规定。

4.3.2 农药残留限量

农药残留限量应符合GB 2763的规定。

4.3.3 致病菌限量

致病菌限量应符合GB 29921的规定。

4.4 净含量

净含量应符合《定量包装商品计量监督管理办法》的规定。

4.5　生产加工过程

生产加工过程应符合T/BAR 002的规定。

5　检验方法

5.1　感官检验

取一定量产品样品，目测检验该品种外观特征。采用相应原材料比较其颜色；鼻嗅、口尝检验产品风味；目测、触摸检验产品质地。

5.2　污染物检验

铅按GB 5009.12规定的方法检验；镉按GB 5009.15规定的方法检验。

5.3　农药残留检验

按GB 2763中各指标规定的方法检验。

5.4　致病菌检验

沙门菌按GB 4789.4规定的方法检验；金黄色葡萄球菌按GB 4789.10规定的方法检验；大肠埃希菌O157：H7按GB 4789.36规定的方法检验。

5.5　净含量

按JJF 1070的规定检验。

6　检验规则

6.1　型式检验

6.1.1　型式检验项目为本文件要求的全部检验项目。

6.1.2　有下列情况之一时，应进行型式检验：

a）正常生产时，至少每年进行一次；

b）长期（三个月以上）停产后恢复生产时；

c）原料来源有较大变化时；

d）改变设备、关键工艺时；

e）出厂检验结果与上次型式检验结果差异较大时；

f）国家食品安全监督机构提出要求时。

6.2　出厂检验

6.2.1　出厂检验的项目包括感官要求、净含量、包装、标识、标签。

6.2.2　每批次产品出厂前，应由检验部门按本文件进行检验，经检验合格并签发合格证明后方可出厂。

6.2.3 以同一班次、同一工艺连续生产的产品为一个检验批次。

6.3 抽样

盒（袋）装产品应抽取完整未开封的样品，抽样数量应符合以下规定要求：

a）每日生产1000盒（袋）以上，按照生产初、中、后期取3件样品；

b）每日生产不足1000盒（袋）、产品净含量≥250g/盒（袋），随机抽取1件样品；

c）每日生产不足1000盒（袋）、产品净含量<250g/盒（袋），随机抽取2件样品。

6.4 判定规则

6.4.1 出厂检验项目全部合格判定为合格。

6.4.2 抽检样品有一项微生物指标不合格，则判定为该批产品不合格。

6.4.3 除微生物指标外其他指标有一项不合格，允许从该批产品中抽取2倍样品进行复检，复检合格则判定为合格；若复检后仍有不合格项目，则判定为不合格。

7 标识和标签

7.1 标识

产品包装储运图示标识应符合GB/T 191的规定。

7.2 标签

产品包装标签应符合GB 7718的规定，应注明产品名称、厂名、厂址、生产日期、保质期、净含量、贮运温度等。

8 包装和贮存

8.1 包装

包装应整洁、完好、规范。外包装应符合食品外包装功能的规定，内包装采用塑料材料的，应符合GB 4806.7的规定。

8.2 贮存

8.2.1 经检验合格的产品应贮存于成品库，按批次分类存放。库内不得存放有毒、有害、有异味的物品。特殊风味的产品宜独立贮存。

8.2.2 产品库贮存温度应在1～5℃。

8.2.3 贮存产品应按照先入先出的原则。

9 运输和销售

9.1 运输

9.1.1 产品应在1～5℃温度条件下运输。

9.1.2 运输工具应清洁、无异味，运输过程中应轻装、轻卸、防晒、防雨，不得与有毒、有害、有异味或影响产品质量的物品混装运输。

9.1.3 运输过程中应避免日光直射、雨淋、显著的温湿度变化和剧烈撞击等，防止产品受到机械损伤和微生物污染。

9.2 销售

9.2.1 产品应在1～5℃温度条件下销售。

9.2.2 销售环境应清洁、无异味、无辐射、无额外热源等，且通风良好。

10 销毁处置

过期产品或不合格产品应销毁处置。

附录三　T/BAR 002—2021《鲜切水果加工技术规范》

1　范围

本文件规定了鲜切水果加工的车间、人员、设施设备、原辅料、加工技术、标识和标签、贮存等方面的要求。

本文件适用于以新鲜水果为原料，通过清洗、消毒、切分、质控、包装等加工过程。

2　规范性引用文件

下列文件中的内容通过文中的规范性引用而构成本文件必不可少的条款。其中，注日期的引用文件，仅该日期对应的版本适用于本文件；不注日期的引用文件，其最新版本（包括所有的修改单）适用于本文件。

GB/T 191　包装储运图示标志

GB 2760　食品安全国家标准　食品添加剂使用标准

GB 2761　食品安全国家标准　食品中真菌毒素限量

GB 2762　食品安全国家标准　食品中污染物限量

GB 2763　食品安全国家标准　食品中农药最大残留限量

GB 4806.7　食品安全国家标准　食品接触用塑料材料及制品

GB 5749　生活饮用水卫生标准

GB 7718　食品安全国家标准　预包装食品标签通则

GB 14881　食品安全国家标准　食品生产通用卫生规范

GB/T 30768　食品包装用纸与塑料复合膜、袋

T/BAR 001　鲜切水果

3　术语和定义

下列术语和定义适用于本文件。

3.1　鲜切水果加工processing for fresh-cut fruits

对新鲜水果进行清洗、消毒、去皮、去梗、去核、切分、修整、护色、包装等部分或全部操作的过程。

4 车间要求

4.1 车间建造技术要求

4.1.1 车间规划及功能要求

4.1.1.1 车间规划设计应符合GB 14881规定，人流和物流方向应采取单线流设计，不同功能间之间必须采取分隔措施。

4.1.1.2 车间功能间应包括原料库、辅料库、人员更衣室、风淋室、原料预处理间、产品切分加工间、内包装间、成品暂存库、水处理间、检测室、内外包材储存间、应急逃生通道、配电室、办公间等。

4.1.1.3 车间应有良好的通风、控温、消毒、排水、消防等设施。

4.1.2 洁净度要求

产品切分加工间、包装间等清洁作业区的空气洁净度应符合北京市《冷链即食食品生产审查实施细则》规定。

4.1.3 通风要求

车间内应安装通风设备，保持车间内空气流通。

4.1.4 温度要求

4.1.4.1 原料间温度按照原料特性及周转周期设定，原料预处理间温度应控制在1～10℃，产品切分加工间、包装间、成品暂存库温度应控制在1～5℃。

4.1.4.2 其他功能间温度宜≤25℃。

4.1.5 照明要求

4.1.5.1 产品切分加工间及包装间照度不低于300lx，其他区域不低于200lx。

4.1.5.2 照明灯具应节能、三防。

4.1.6 排水要求

4.1.6.1 车间地面应防水、防滑、防霉、防腐蚀，并有适当的排水坡度，宜为1.0%～2.0%。

4.1.6.2 预处理间可采用明沟排水，产品切分加工间及包装间不得采取明沟排水。

4.1.6.3 排水应集中收集，综合处理利用达标排放。

4.1.7 消防要求

4.1.7.1 车间隔断材料应采用保温防火阻燃材料，防火等级需达到B1级。

4.1.7.2 应在车间明显位置合理配置规范的消防灭火系统或器材。

4.1.7.3 应在车间配备规范的消防标识和应急疏散逃生通道。

4.2　车间卫生要求

4.2.1　卫生管理制度

应符合GB 14881的要求。

4.2.2　厂房及设施卫生管理

应符合GB 14881的要求。

4.3　车间消毒技术

4.3.1　消毒方式

宜采用喷洒、紫外或臭氧熏蒸等消毒方式。

4.3.2　人员

4.3.2.1　进入风淋室之前应设置人员洗手消毒及烘干设施。

4.3.2.2　离开风淋室，进入功能间前应经过鞋靴消毒池。

4.3.3　设施及工具

应配备足够的专用和通用清洁消毒装备。

5　人员要求

5.1　健康要求

5.1.1　应每年进行一次健康检查，必要时安排临时健康检查；新进厂的人员，应经过健康检查，取得健康证后方可上岗作业。

5.1.2　患有国务院卫生行政部门规定的有碍食品安全疾病的人员，不得在生产车间工作。

5.1.3　生产车间加工作业人员若患有国务院卫生行政部门规定的有碍食品安全疾病的人员，应主动向监督人员报告。

5.1.4　监督人员应经过培训，使其了解国务院卫生行政部门规定的有碍食品安全疾病的病症。

5.1.5　监督人员应每天观察车间人员的身体状况，如发现有碍食品安全的疾病或创伤，应立刻采取措施。

5.2　卫生要求

5.2.1　生产人员不得将与生产无关的个人用品（如食具、雨具等）和饰物（如戒指、项链、耳环、手表等）带入车间。

5.2.2　进入生产车间的工作人员应穿戴工作服、工作帽、工作鞋，戴好口罩且头发不得外露。

5.2.3　保持个人清洁，定时有效洗手，必要时按照车间规范要求进行消毒。进入生产车间之前应经过风淋室及消毒池。

5.2.4　生产期间不得随意进出其他生产车间区域。

6　设施设备要求

6.1　给排水设施

6.1.1　应建立加工水质处理设施，水质应符合GB 5749的规定。

6.1.2　排水系统的设计和建造应保证排水畅通，保证产品及生产、清洁用水不受污染。排水系统入口应安装带水封的地漏等装置，排水系统出口应有降低虫害风险的措施。

6.1.3　室内排水的流向应由清洁程度要求高的区域流向清洁程度要求低的区域，且应有防止逆流的设计。

6.2　消毒设施

消毒设施宜能设置和调节消毒浓度、消毒时间以及报警装置。

6.3　通风设施

6.3.1　应配备具有空气净化处理功能的设施。

6.3.2　应合理设置进、排风口位置；进风口与排风口和户外垃圾存放装置等污染源应保持安全的距离和角度。

6.3.3　进、排风口应装有防止虫害侵入的网罩设施，应易于清洁、维修或更换。

6.4　温湿度控制设施

根据生产需要，应配备适宜的温湿度调节装置。

6.5　生产设备

6.5.1　材料要求

与原料、半成品、成品接触的设备应使用无毒、无味、抗腐蚀的材料制作。设备、工器具等与产品接触的表面应使用光滑、无毒、无味、抗腐蚀、无吸收性、易于清洁保养和消毒的材料制成。

6.5.2　设备要求

应从设计和结构上避免零件、金属碎屑、润滑油或其他污染因素混入产品中。设备应不留空隙地固定在墙壁或地板上，或在安装时与地面和墙壁间保留足够空间。

6.6　监控设备

原料预处理间、产品切分加工间、包装间应配置无死角监控设施，其他区域可酌情配置。

7　原辅料要求

7.1　质量要求

7.1.1　鲜切水果原料应新鲜、饱满、无异味、无病虫害。

7.1.2　根据生产需要，应选择适宜成熟度、大小的水果作为原料。

7.2　卫生要求

原辅料应符合GB 2761、GB 2762、GB 2763的要求，食品添加剂的种类和使用量应符合GB 2760的规定。

8　加工技术要求

8.1　清洗、消毒

8.1.1　在原料消毒前应对其进行全面的清洗。

8.1.2　原料清洗完成后进行消毒，水中宜加入消毒剂进行消毒处理。

1）采用氯制剂消毒时，水中有效氯浓度应≤200mg/L。

2）采用臭氧消毒时，水中臭氧浓度应≤2.0mg/L。

8.1.3　消毒处理后的产品应清水漂洗干净，宜使用流动水。

8.2　沥水

经过漂洗后，宜采用沥干或风干方式去除产品表面水。

8.3　去皮、切分

8.3.1　去除不可食用或影响产品品质的果皮、核、梗等部分。

8.3.2　可根据需要选择手工去皮、机械去皮、碱液去皮或其他方式。

8.3.3　切分采用的刀片应锋利，且应在环境温度低于10℃条件下采用机械或手工操作。

8.3.4　根据不同要求和原料特点，修整成不同的形状和大小。

8.3.5　切分后及时去除切面残留汁液。

8.4　护色

根据不同原料特性，对需要护色的水果可进行护色处理。

8.5　包装

8.5.1　产品包装形式可采用单一包装袋方式、包装盒覆膜方式。包装通常采用机械化自动包装方式。包装材料应符合GB 4806.7、GB/T 30768的要求。

8.5.2　包装内部根据产品特性确定采用充气或者不充气方式。若采用充气包装应使用符合产品要求的气体种类及配比。

8.6　异物检测

异物检测可采用金属探测仪或X射线检测仪。

9　标识和标签要求

标识和标签应符合GB 7718、GB/T 191的要求。

10　贮存要求

贮存应符合T/BAR 001的要求。

后 记

我国的农产品加工产业在不断发展。2019年，我国农产品加工业营业收入超过22万亿元，规模以上农产品加工企业8.1万家。农产品加工业与农业总产值比为2.3∶1，但依然与发达国家的3.5∶1差距较大。鲜切水果加工业作为农产品加工业的新型构成部分，必将拥有更广阔的发展空间。鲜切水果加工产业目前仍处于起步阶段，基础理论研究、加工技术、设备研发及其产业化应用还有待发展完善。鲜切水果加工产业的发展必然带动我国果品加工技术创新能力、加工设备的原创性研发和加工技术标准化水平的提升，促进我国水果产业链的延伸，丰富轻食消费市场，为构建营养健康型社会贡献力量。

参考文献

[1] BRODY A L, ZHUANG H, HAN J H. 鲜切果蔬气调保鲜包装技术 [M]. 章建浩，胡文忠，郁志芳，等译. 北京：化学工业出版社，2016.

[2] KADER A A. Postharvest Technology of Horticultural Crops [M]. 3th ed. University of California Agriculture & Natural Resources, 2002.

[3] LAWLESS H T, HEYMANN H. 食品感官评价原理与技术 [M]. 王栋，译. 北京：中国轻工业出版社，2001.

[4] PAREEK S. Fresh-Cut Fruits and Vegetables: Technology, Physiology and Safety [M]. New York: CRC Press, 2016.

[5] WILLS R B H, GOLDING J B. Postharvest: An Introduction to the Physiology and Handling of Fruit and Vegetables [M]. 6th ed. Sydney: UNSW Press, 2016.

[6] 冯双庆. 果蔬贮运学 [M]. 北京：化学工业出版社，2008.

[7] 杨月欣. 中国食物成分表 [M]. 6版. 北京：北京大学医学出版社，2017.

[8] 祝美云. 食品感官评价 [M]. 北京：化学工业出版社，2007.